冒险岛
数学奇遇记52
黄金比例

〔韩〕宋道树／著 〔韩〕徐正银／绘 张蓓丽／译

台海出版社

图书在版编目（CIP）数据

冒险岛数学奇遇记. 52, 黄金比例 /（韩）宋道树著;
（韩）徐正银绘；张蓓丽译. -- 北京：台海出版社,
2020.12（2022.5重印）

ISBN 978-7-5168-2774-1

Ⅰ.①冒… Ⅱ.①宋… ②徐… ③张… Ⅲ.①数学 - 少儿读物 Ⅳ.①O1-49

中国版本图书馆CIP数据核字(2020)第198145号

著作权合同登记号　图字：01-2020-5316

冒险岛数学奇遇记.52，黄金比例

著　　者：〔韩〕宋道树　　绘　　者：〔韩〕徐正银
译　　者：张蓓丽

出 版 人：蔡　旭　　出版策划：双螺旋童书馆
责任编辑：徐　玥　　封面设计：沈银苹
策划编辑：唐　浒　王　蕊　王　赢

出版发行：台海出版社
地　　址：北京市东城区景山东街20号　邮政编码：100009
电　　话：010-64041652（发行，邮购）
传　　真：010-84045799（总编室）
网　　址：www.taimeng.org.cn/thcbs/default.htm
E-mail：thcbs@126.com

经　　销：全国各地新华书店
印　　刷：固安兰星球彩色印刷有限公司
本书如有破损、缺页、装订错误，请与本社联系调换

开　　本：710mm × 960mm　　1/16
字　　数：183千字　　印　　张：10.5
版　　次：2020年12月第1版　　印　　次：2022年5月第2次印刷
书　　号：ISBN 978-7-5168-2774-1

定　　价：35.00元

前言

重新出发的《冒险岛数学奇遇记》第十辑，希望通过创造篇进一步提高创造性思维能力和数学论述能力。

我们收到很多明信片，告诉我们韩国首创数学论述型漫画《冒险岛数学奇遇记》让原本困难的数学变得简单、有趣。

1~30 册的**基础篇**综合了小学、中学数学课程，分类出 7 个领域，让孩子真正理解**"数和运算""图形""测量""概率和统计""规律""文字和式子""函数"**，并以此为基础形成**"概念理解能力""数理计算能力""理论应用能力"**。

31~45 册的**深化篇**将内容范围扩展到中学课程，安排了生活中隐藏的数学概念和原理，以及数学历史中出现的深化内容。此外，还详细描写了可以培养**"理论应用能力"**，解决复杂、难解问题的方法。当然也包括一部分与**"创造性思维能力"**和**"沟通能力"**相关的内容。

从第 46 册的**创造篇**起，《冒险岛数学奇遇记》以强化**"创造性思维能力"**和巩固**"数理论述"**基础为主要内容。创造性思维能力，是指根据某种需要，针对要求事项和给出的问题，具有创造性地、有效地找出解决问题方法的能力。

创造性思维能力由坚实的概念理解能力、准确且快速的数理计算能力、多元的原理应用能力及其相关的知识、信息及附加经验组成。主动挑战的决心和好奇心越强，成功时的愉悦感和自信度就越大。尤其是经常记笔记的习惯和整理知识、信息、经验的习惯，如果它们在日常生活中根深蒂固，那么，孩子们的创造性就自动产生了。

创造性思维能力无法用客观性问题测定，只能用可以看到解题过程的叙述型问题测定。数理论述是针对各种领域和水平（年级）的问题，利用理论结合**"创造性思维能力"**和**"问题解决方法"**解决问题。

尤其在展开数理论述的过程中，包括批判性思维在内的沟通能力是绝对重要的角色。我们通过创造篇巩固一下数理论述的基础吧。

来，让我们充满愉悦和自信地去创造世界看看吧！

出场人物

哆哆

帮助阿兰为利安家族的崛起跑前跑后，在得知默西迪丝喜欢自己之后感到非常惊讶。

默西迪丝

在利安侯爵突然离世后，同弟弟一起坚持隐忍、排除万难。

阿兰

为了成为一名优秀的家族领头人，一直严格要求自己。

前情回顾

皇后找到独自生活在森林深处的千年女巫宝儿，让她去解决掉哆哆、阿兰和默西迪丝。宝尔推荐自己的女儿丽琳到利安家族当女仆。另一边，被宝儿追赶的哆哆和默西迪丝误入了利安家族的墓地……

宝儿

又懒又脏到出神入化的千年女巫，应皇后的请求踏上了解决利安姐弟和哆哆的道路。

艾萨克将军

在皇后的设计下代替俄尔塞伦公爵被关进了监狱，虽然他用尽了一切方法想越狱，却没有一次成功。

皇后

一切坏事的主谋。如今想利用千年女巫宝儿将碍眼的阿兰、默西迪丝、哆哆消灭掉。

德里奇

螺旋大学魔法系的教授，预知能力让他得知强敌已出现，为此他决定放弃教学事业。

目录

127 卖草药喽

抱紧

嗯

丽琳，醒醒……

惊

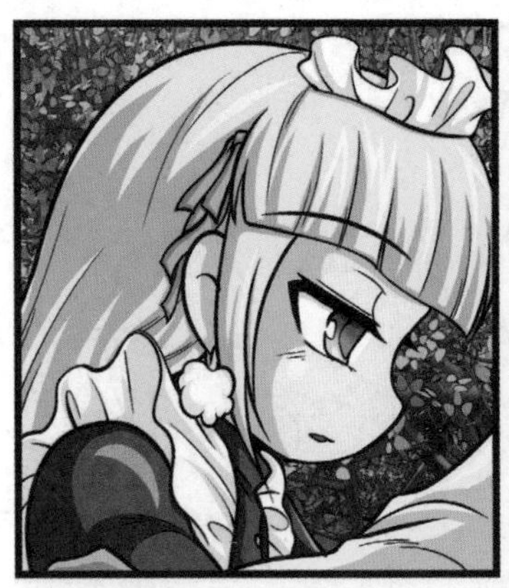

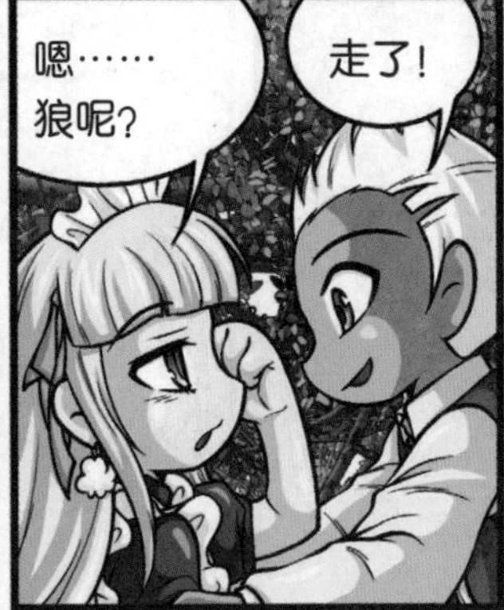
嗯……
狼呢？
走了！

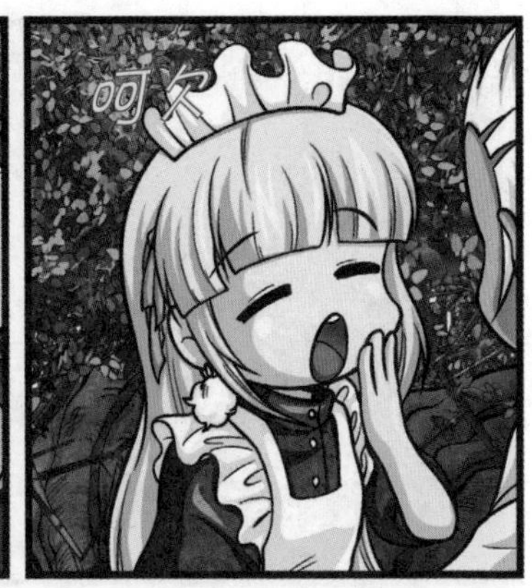
呵欠

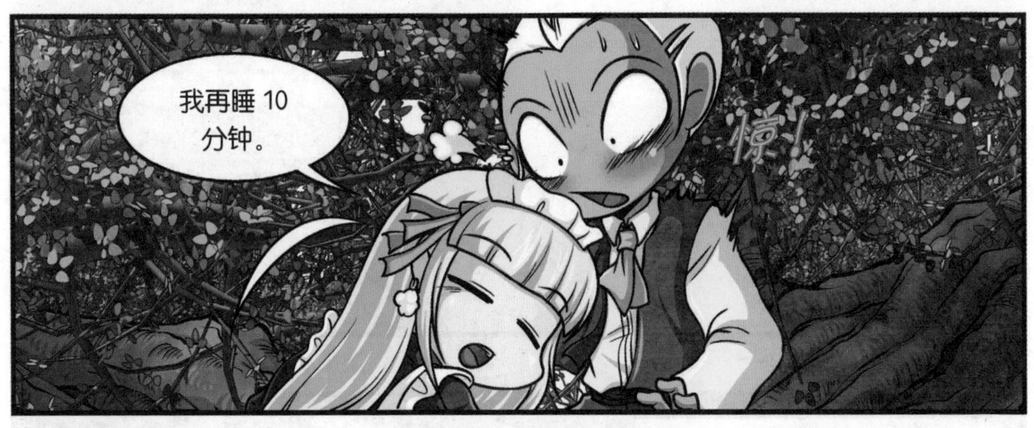
我再睡 10
分钟。
惊！

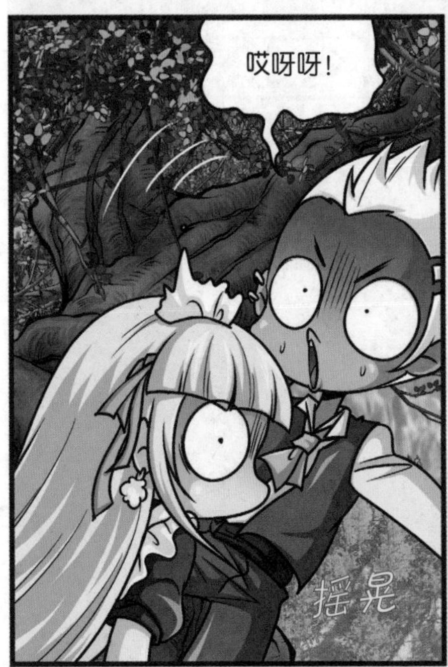
哎呀呀！
摇晃

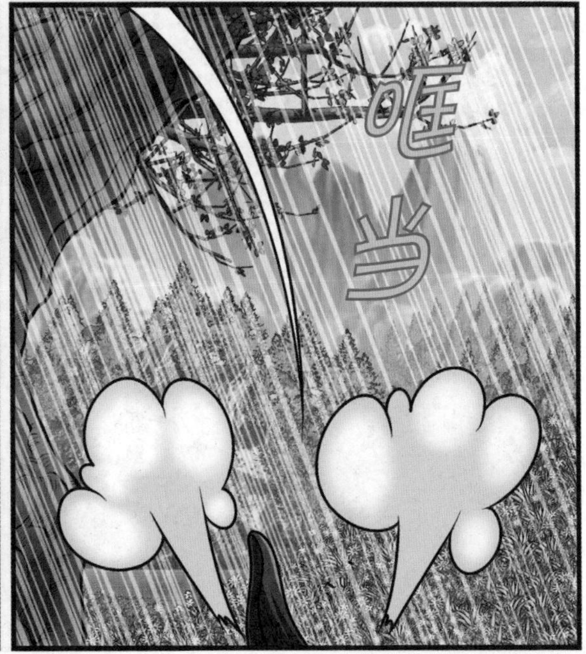
哐
当

127章-1
突袭
判断题

$y=5\times x$ 中的 y 与 x 成正比。

阿兰和丽琳在树上共度一晚之后拉近了彼此的距离。

大步

大步

正确答案 ○（解析见第 165 页）

啊

生气

你们两个不是
在一起吗？
哆哆哥哥
去哪儿啦？
哼
我怎么知道！

哆哆哥哥，
你在哪儿？

哆哆大哥！

大步

大步

不会是被我
姐姐打了一
顿，晕倒在
哪里了吧？

一不小心竟然
走到祖坟来了。

这座墓我还是
第一次见。
好像是
新建的。

扭动
扭动

难道有僵尸？
惊吓
不、不会的！

还活着！
挖挖挖

哆哆大哥！
啊！

呃呃

这是怎么
回事儿呀？

还不是被
你姐姐给打了。
已经天亮了？
惊讶

你到底
做错了什么呀？

别问了，难受。
别扭

127章-2
突袭
判断题

$y=\frac{5}{x}=5\times(\frac{1}{x})$ 中 y 与 x 成正比。

正确答案 ×（解析见第 165 页）

也、也是哦！
呵呵

我不会跟
任何人说的，
这些话我会带
进坟墓的。

嗯，那是当然。
谢谢你
相信我。

哪里
比较好呢？
四处张望
什么？

你的坟墓！

你不是说
要带进坟墓吗？
现在就带进去吧！
啊
啊
啊

尴尬
我要怎么面对
默西迪丝?

大步
大步

吓

嗒嗒嗒
天啊

紧张

我好像喜欢哆哆。

怎么办，怎么办，
我该怎么办！
哎呀
扑腾
扑腾

127章-3
押宝
填空题

月初借了 10000 元，每个月底需支付 800 元的利息，那么月息是（ ）%。

第二天

啊，待在房里
一整天都没出去，
肚子好饿啊。
咕噜噜
咕噜噜

那我也
不能出去。

我悄悄出去
拿点吃的东西
马上就回来！

咕噜噜噜噜

正确答案 8（解析见第 165 页）

幸好大家都不在。

嗒
嗒
嗒

哐
哐
转

谁呀?

卖草药喽！
不需要！

我这儿
草药应有尽有，
长个子的草药、
变漂亮的草药……

说了不需要。
哼
帮助排便的
草药……

消除
记忆的
草药！
定住

消除
记忆的草药！
效果非常好哦。

你说什么？
转

嘎吱

真的能消除记忆吗?
当然啦。

煮这一株草药服下即可。喝太多会让记忆全部消失，请千万要注意。
递

你想消除多长时间的记忆呀?
最近这两三天的记忆。
气恼
气恼

127章-4
押宝
填空题

假如一件价值 40000 元的商品售卖时需要再附加 5% 的利润，那么它的售价为 ( ) 元。

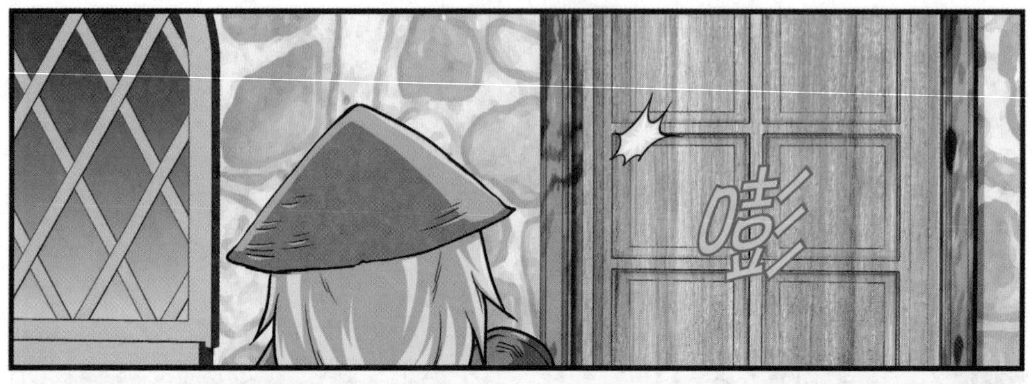
嘭

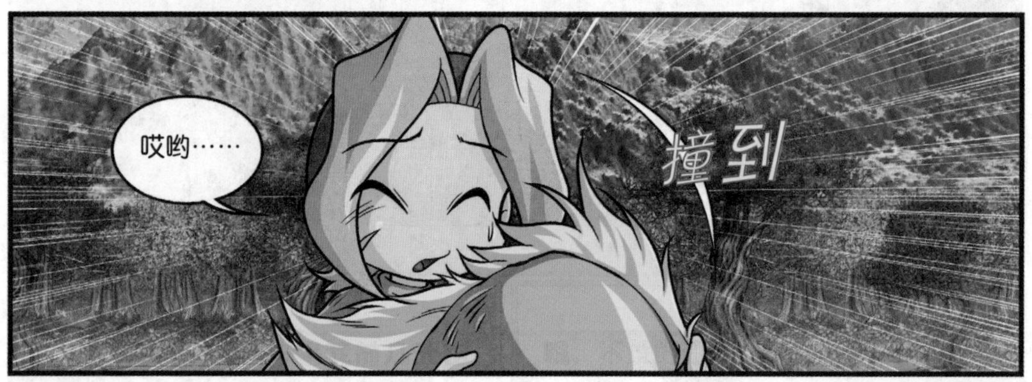
哎哟……
撞到

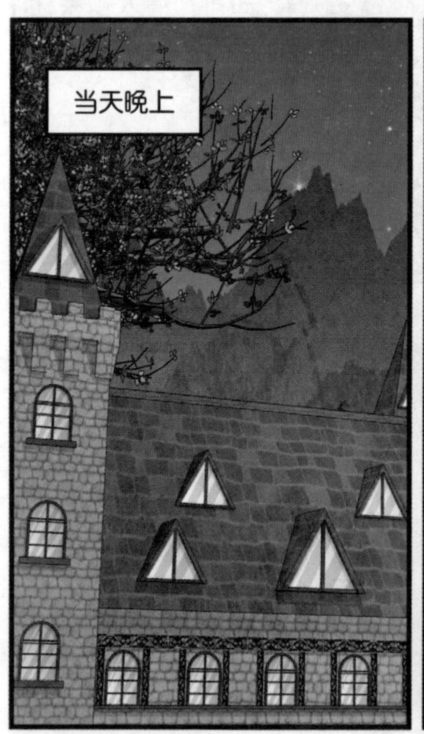
当天晚上

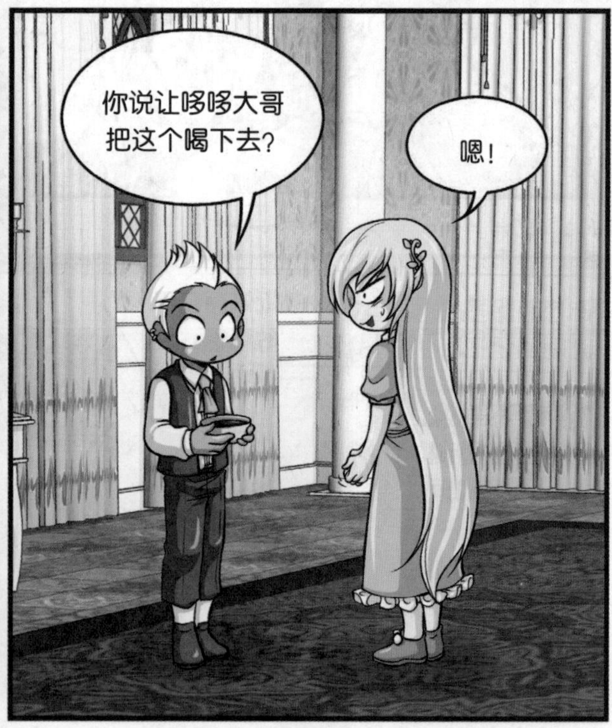
你说让哆哆大哥
把这个喝下去?
嗯!

正确答案 42000（解析见第 165 页）

这是什么？
补身体的药。你管这么多干吗。

你一定要确保哆哆把药喝下去了！

嗖
嗒
嗒

大哥，姐姐让我把这个给你……

嘻嘻

啊！
哗啦

哎呀，
好苦啊！
堵住

这是什么呀，这么苦？
好在我全都喝下去了！

希望能有效……

到底发生什么
事儿了？
你别管！
哎哟

跑
跑
跑

第三天

咚
咚

默西迪丝，
开门！
咻

怎么了？
我觉得有
点不对劲！

最近这两三天的
事儿我竟然一点都
想不起来了！
咚

嗯，我
这是怎么了？
真的吗？
开门

你从哪里开始
不记得了呀？
你在墓地对
我说什么
来着？

从这里开始记不起
来了。也许我好好
想一下就记起来了。
嗬，危险！

哎呀，苦！
咚
咚

计算数量的单位

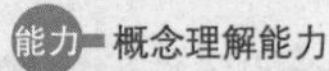

提示文

日常生活中比较数量的情况时有发生，数量表示事物数目的多少。

个数，指无法再细分的事物的多少。一般用自然数（或正整数）来表示它。但是，像长度、宽度、体积、质量、时间等可以被分成若干份的事物，它们的单位前面既可以用自然数，也可以用分数或小数。

平常我们在计算个数的时候通常都说几“个”。不过，对于一些特定种类的事物，则会在自然数的后面加上量词。例如，在计算枪、刀、斧头等事物的时候，会使用“把”这个量词；而猛兽、鸟类、昆虫等动物的后面则会用“只”；计算树木的时候用“棵”；计算纸张等又宽又薄的事物时就用“张”。也就是，我们要说“五把斧头”“三只兔子”“两棵松树”。另外，还有类似“一袋”“一捆”“一盘”这种指代一定数量时使用的量词。

以前各个国家的人们使用的计量单位都不一样，所以在进行贸易的时候就会有许多不方便的地方。譬如，韩国用的是尺贯法，英国、美国用的则是码磅制。为了各国间能够顺畅地进行贸易往来，现在全世界统一使用公制作为计量单位。

论点 **单位换算指同一性质的不同单位之间的数值换算。常用的单位换算有长度单位换算、面积单位换算、体积单位换算、质量单位换算等。**

〈解答〉

长度	面积	体积	质量
1km=1000m 1m=10dm 1dm=10cm 1cm=10mm	$1m^2=100dm^2$ $1dm^2=100cm^2$ $1cm^2=100mm^2$	$1m^3=1000dm^3$ $1dm^3=1000cm^3$ $1cm^3=1000mm^3$	1t=1000kg 1kg=1000g

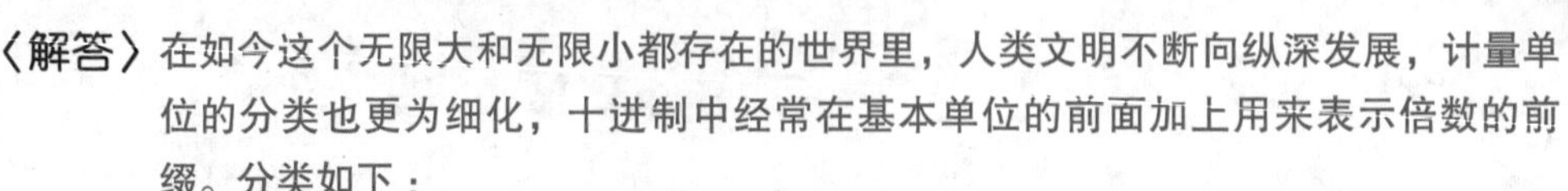

〈解答〉在如今这个无限大和无限小都存在的世界里，人类文明不断向纵深发展，计量单位的分类也更为细化，十进制中经常在基本单位的前面加上用来表示倍数的前缀。分类如下：

1. 增大的倍数的前缀

①以 10^1 倍依次增大的前缀：十（10 倍）、百（100 倍）、千（1000 倍）等；

②以 10^3 倍依次增大的前缀：千（10^3 倍）、兆（10^6 倍）、吉（10^9 倍）等。

2. 减小的倍数的前缀

①以 10^{-1} 倍依次减小的前缀：分（10^{-1} 倍）、厘（10^{-2} 倍）、毫（10^{-3} 倍）等；

②以 10^{-3} 倍依次减小的前缀：毫（10^{-3} 倍）、微（10^{-6} 倍）、纳（10^{-9} 倍）等。

整理如下表所示：

所表示的因数	词头名称	词头符号	所表示的因数	词头名称	词头符号
10^{24}	尧〔它〕	Y	10^{-1}	分	d
10^{21}	泽〔它〕	Z	10^{-2}	厘	c
10^{18}	艾〔可萨〕	E	10^{-3}	毫	m
10^{15}	拍〔它〕	P	10^{-6}	微	μ
10^{12}	太〔拉〕	T	10^{-9}	纳〔诺〕	n
10^{9}	吉〔咖〕	G	10^{-12}	皮〔可〕	p
10^{6}	兆	M	10^{-15}	飞〔姆托〕	f
10^{3}	千	k	10^{-18}	阿〔托〕	a
10^{2}	百	h	10^{-21}	仄〔普托〕	z
10^{1}	十	da	10^{-24}	幺〔科托〕	y

应用问题　**请将下列单位进行换算。**

（1）1L（升）=（　　）ml（毫升）

（2）1GB（吉字节）=（　　）MB（兆字节）

（3）1cm（厘米）=（　　）m（米）

（4）1mm（毫米）=（　　）nm（纳米）

（5）1g（克）=（　　）mg（毫克）

（6）1t（吨）=（　　）kg（千克）

〈解答〉（1）1L=1000ml　（2）1GB=1024MB　（3）1cm=0.01m

（4）1mm=10^6nm　（5）1g=1000mg　（6）1t=1000kg

128 宇宙的奥秘——宝儿

耷拉

您看起来挺没精神呀。

也是，生日要在这种地方度过，
心情怎么可能会好呢。

你怎么知道
今天是我的生日？

皇后娘娘说的。

她祝您生日快乐，
还赏赐您一份特
别的礼物。

什么礼物？

那就是“出狱*”礼物！
吓一跳

*出狱：从监狱里被释放出来。

咚

这段时间您受苦了。
微笑

呀吼

*狠毒：凶狠毒辣。

但是，有一个条件。

果然够狠毒*，
我就说皇后不可能
就这样放我出去。
不过，数学谜题我
也是很拿手的！
生气

您只有在答对
我出的数学谜题
之后才能得到这份
“出狱”礼物！

那我开始了。
某座监狱里
有 10 名囚犯。

哎，这道题跟我
现在的处境还真是挺配的。

有一天，监狱长
对这 10 名囚犯
说了下面这段话。

* 释放：恢复被拘押者或服刑者的人身自由。

但是，不是所有人，
你们当中只有一
部分人会被释放。

昨天晚上，在你们睡觉的时候，
一些人的额头上已经被点上了红
点。你们看看周围的人，
就会发现有些人的
额头上有红点了。

如果有人看到
3 个以上的人
被点了红点……

那么他将被立即释放！

正确答案 ×（解析见第 165 页）

那么问题来了。
请问会有几名
因犯被释放呢？

紧张
这问题不
简单啊。

但是我肯定
能答出来！
不，我一定
要答出来！

您有 5 分钟的时间。
呃啊

还剩5秒钟！

回答！

7名！

请说明一下理由。

这要分几种
情况来看。
第一，当有红点的
囚犯超过 4 名的
时候……

这 10 名囚犯
都会被释放。

果真如此。因为不
管是谁，都会看到
3 名以上被点了红
点的囚犯。

可是监狱长也说
了，不会释放10名
囚犯，只会释放其
中一部分。

所以，被点上了红点
的囚犯绝对不会
超过4名。可能
是1名、2名，或者3名。
您真是厉害。
请继续。

那这次就假设有红点的
囚犯少于 2 名吧。
这种情况下则没有
人会被释放。

那是当然。
因为这不符合
看到 3 名以上
红点囚犯才
能被释放的条件。

那么答案就
只剩一个了！

被点上了红点的囚犯
有 3 名，那剩下看到
他们的 7 个人
就会被释放。
嗒嗒嗒

解答

点了红点的囚犯只能看到
除自己以外的其余两人。
因此，没有点红点的囚犯
才能出去。

叮咚，
回答正确！

哦耶

难道一定要把牢房
的门打开才行吗？
还不赶紧开门！
哐当
哐当

不然的话，
莫非这里面有
紧急出口之类的？
四处看

翻找

128章-2
突袭
判断题

$1cm^3$ 和 1cc 是两种不同的体积单位。

伸出

这是什么呀？

肚子饿的时候能
吃的火腿肠……
这个是给你的，叫
“出狱礼物”的火腿肠。

蒙

你现在是在
开玩笑吗？

我只是遵从皇后
娘娘的旨意罢了。
伸

我还以为礼物是
“出狱”……
尴尬

正确答案
× （解析见第 165 页）

那刚才说什么这段时间受苦了？难道不是要放我出去的意思吗？
抖抖

皇后娘娘的原话是这样的：“他这段时间受苦了，让他肚子饿的时候吃点火腿肠，继续受苦去吧。”
转

打击

另一边，正在好好休息的
俄尔塞伦公爵

肚子有点饿，
没什么吃的吗？
吃这个吧。
肚子饿的话吃点火腿肠。

话说回来，
艾萨克怎么样了？
嚼
嚼

嗯，今天是他的生日。
所以，我刚给他送了
份出狱礼物。

你把他放出来了?
没有!

嘀咕

哈哈哈

你这也太气人了吧?
泥人也有三分火气*……
让他气去吧。

人都被关在监狱了，还能翻出什么水花?

*泥人也有三分火气：俗语，指再温和善良的人被惹急了也是会生气的。

话是这样说……

嗯
感觉有点儿不对劲……

128章-3
押宝
填空题

1GB（吉字节）等于（　　）MB。
B（字节，Byte）是计算机信息计量单位。

我会报仇的，皇后！
给我等着吧，俄尔塞伦！

啊啊啊

宝儿小姐到现在都还没消息吗？
嗯，还没。

她能相信吗？我还是觉得她不怎么可靠。
你这是什么话？

我是相信千年女巫宝儿小姐的。这世上你还见过谁比她更脏？正所谓以小见大，对这种人来说没什么是不可能的。
那倒也是……

正确答案 1024（解析见第165页）

利安姐弟、哆哆，
你们给我出来！
声音
洪亮

嗒嗒嗒

咚
咚

我的委托人*委托我
来惩罚你们！
现在正在说话的这个
小朋友就是那个
可怕的千年女巫宝儿？
说她是宇宙
最强大的千年女巫
也太过了吧……

*委托人：指委托他人帮自己办理事务的人。

千万不能掉以轻心。
请照我说的做。
好……

哗哗

涌
动

哈哈哈，再怎么说这也
太过了吧。
您错了，
接下来您就会知道了。

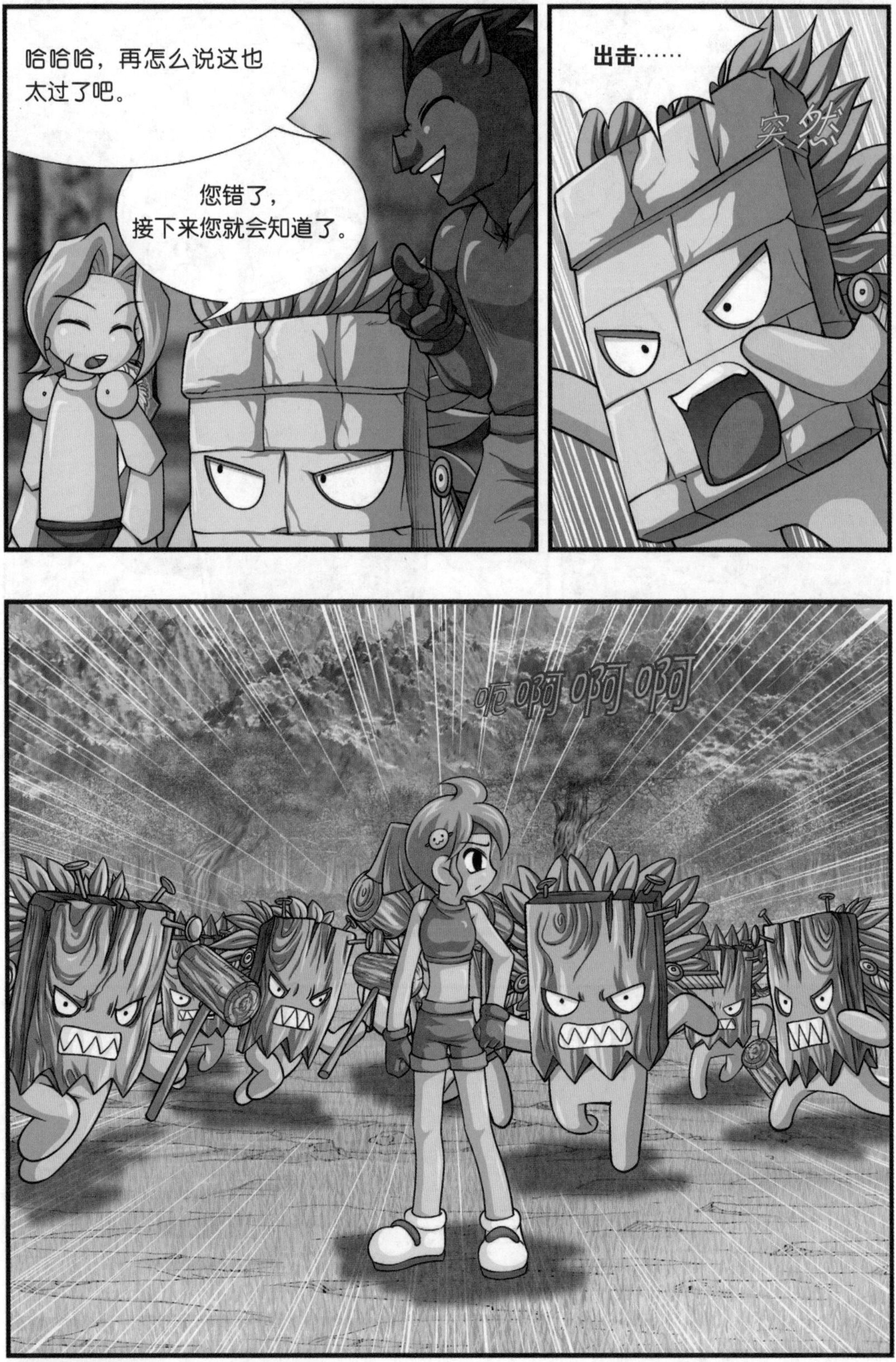

出击……
突然

呃啊啊啊

128章-4
押宝
填空题

我国的法定计量单位是（　　）。

正确答案 国际单位制（解析见第165页）

呃啊啊
嘭
嘭
嘭嘭

咻咻
嘭

吓一跳

好、好厉害的魔法呀。
这不是魔法。

这些箭不是用魔法变出来的，而是宝儿亲手制作的。
捡

人类的嘴里怎么
会一下子射出
那么多支箭呢？
晕

原来你是被“人类”
这个说法给限制住了，
宝儿怎么说也称不上是“人类”吧？

她是怪物？
外星人？
神？

宝儿就是比你们
说的那些都还
厉害可怕的“宝儿”本身。

*遗言：死者死前留下来的话。

最后给你们一个
说遗言*的机会。
强悍

遗言倒没有，
就是有件事儿
挺好奇的……
咻

刚才你射出来的那些箭，
究竟是什么原理，
你能不能给我们解释一下？

这可是个难题。不过，既然这是你最后的愿望，那我就满足你吧。
呼

嘻嘻
我的解释是以天文物理学的最新理论为基础的，你听得懂吗？

我努力听懂。
尴尬
天文物理学……

提高创造力数学教室

2 比、比率与比例式

领域 规律性　　能力 理论应用能力

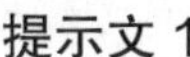

提示文 1

判断同一类别的两个量 A 和 B 之间的大小关系，用减法运算 A–B 即可。这里的“同一类别的两个量”是指：这两个数的单位相同，不管它是长度、体积、质量等单位中的哪一种。

A–B ＞ 0 的话，则 A ＞ B，也就是 A 比 B 大；若 A–B=0，则 A=B，也就是 A 和 B 一样大；若 A–B ＜ 0，则 A ＜ B，即 A 比 B 小。

我们再来了解一下更为进阶的大小关系：若想知道 A 是 B 的几倍，则需运用除法 A ÷ B 来计算。同理，若 A ÷ B ＞ 1，则 A 比 B 大；若 A ÷ B=1，则 A 与 B 一样大；若 A ÷ B ＜ 1，则 A 比 B 小。

像这样同一类别的两个量 A 与 B，A 是 B 的几倍时用符号“:”来表示，读作“比”，正如［图 1］所示。因为 A 和 B 的单位相同，所以比是没有单位的。

［图 1］ A : B

前项（比较量）　比号　后项（标准量）

A:B 读作“A 比 B”，意思相当于“A 是 B 的几倍”。B 为“标准量”，A 为“比较量”。A ÷ B 运算得出的值被称为比值。

比、除法、分数之间的关系如下表所示。

	比较量	符号	标准量	值	意思
比 3:5	前项 3	比号 :	后项 5	比值 0.6	前项与后项的比值
除法 3 ÷ 5	被除数 3	除号 ÷	除数 5	商 0.6	除法运算得出的结果值
分数 $\frac{3}{5}$	分子 3	—— 分数线	分母 5	分数值 0.6	部分在整体中所占的比率

一个分数的分母为 100 的时候，表示分子“在 100 当中的占比”，称为百分比，采用含百分号 % 的形式来表示。

例如，$1:4=1\div4=\frac{1}{4}=0.25=\frac{25}{100}=25\%$。因此，% 并不是计量单位而是符号。

一个分数的分母为 1000 的时候，表示分子“在 1000 当中的占比”，称为千分比，采用含千分号 ‰ 的形式来表示。

论点 当 50g 白糖溶于 2L 苹果汁的时候，请问苹果汁与白糖的比是多少？

〈解答〉这里无法求出它们之间的比。白糖使用的是质量单位，苹果汁使用的是容积单位，相互间无法求比。只有当它们都使用质量或容积当中的一种单位时才能够进行比较。这个问题本身就是不对的。

哲秀身高 1.2 米，哲秀弟弟身高为 1 米。请用整数来表示（哲秀身高）：（弟弟身高）。所得比值请采用百分比的形式表示。

〈解答〉（哲秀身高）：（弟弟身高）=1.2 ：1=6 ：5=$\frac{6}{5}$=1.2=$\frac{120}{100}$=120%。

提示文 2

当A与B的单位一致时，A：B的比值是没有单位的。但是，当A与B的单位不一致时，$\frac{A}{B}$有单位的情况是存在的。让我们通过下面的问题来了解一下这种情况吧。

“一辆轿车以一定的速度行驶，且5分钟行驶了1800米。若以此速度行驶30分钟，那么轿车能行驶多少米呢？”

因为轿车5分钟行驶了1800米，所以就能得出其比值为1800 ÷ 5=360（m/min），比值的单位为米/分。

〈解答〉1800：5=x：30或是1800：x=5：30

不管A与B的单位是不是相同，只要它们之间的比率一致，如上所示的两个比相等的式子就能成立，这种等式被称为比例式。

A ：B=C ：D（内项：B、C；外项：A、D） ⇔ $\frac{A}{B}=\frac{C}{D}$ ⇔ A × D=B × C

两个比之间的等式　　两个分数之间的等式　　两个外项的积等于两个内项的积

比例式中两个外项的乘积等于两个内项的乘积。

人口密度是指在 1km^2 土地面积上生活的平均人口数量，也就是“每平方千米生活了多少人”的意思。一座城市的面积为 400km^2，人口为 150000 人，请试着求出这座城市的人口密度。

〈解答〉求人口密度即要计算出每平方千米有多少人，可以用$\frac{150000人}{400平方千米}$，继而得出人口密度为 375 人 / 平方千米。

请解出下列比例式中 x 的值。

（1）7 : 8=x : 1000　　（2）x : 11=104 : 143

〈解答〉（1）7 × 1000=8 × x ⇒ x=875　　（2）x × 143=11 × 104 ⇒ x=8

129 功成身退

你们知道历史上
发光发热的伟人
都有哪些共同之处吗？

他们从小就对人生有着
很深的感悟并且不断思考
如何突破自己的极限。
一开始就这么
勤奋刻苦？
哇
结尾肯定会
出乎意料的。

我也差不多。
啊，人生究竟是什么……
人类真的这般
软弱无力吗……

嗒
嗒

什么软弱无力！
你光早饭就吃
了五碗，还有
什么不满的吗？
气
气

妈妈，我真的好累啊！
呜
呜

累？怎么了，
你有什么烦恼吗？

人类为什么，
究竟是为什么……
接着说，说啊！

吃东西时是有一个
定量的吗？为什么
不能无限制地吃下去呢？
嗷
嗷
气晕

给我站住
嗒嗒嗒

你们知道伟人的第二大共同之处
是什么吗？那就是在家乡得不到
大家的认同，只能独自离开
家乡走上一条艰辛的道路……
烦闷
又开始了……
语气越来越奇怪了。
内容也
越来越奇怪了。

我也一样，
离开家之后就到一个
洞穴深处开始了冥想修行。

要怎么做才能突破
人类的极限呢？

就这样到了我冥想的第七天。

129章-1
突袭
判断题

3.14 用百分比来表示的话，就是 314%。

唰啦啦

你、你是谁？

上天听到了你虔诚的祈祷。我是“民食为天”女神。

“民食为天”？
莫非是“民以食为天”的缩略语？
大胆！
还不给我闭嘴！

我的名字可没这么肤浅！
用天上的语言来翻译的话，
它的寓意是非常高尚的，
不过你知不知道都无所谓！
是，女神……
我一定要去改名字，真是的！

正确答案 ○（解析见第 166 页）

你不是想突破人类吃东西时的定量极限吗？
是的，女神。我想无限制地吃！

你的这份诚心可真的是难能可贵*啊……

我来传授你一个秘诀吧。
惊喜

*难能可贵：难做的事居然能做到，值得珍视。

吃东西的时候不能只想着赶紧把食物吃进肚子里，这是只在乎自己的自私行为。这样吃下去除了会让自己的肚子撑坏以外毫无益处。
那我要怎么吃才好呢？

你要这样想：
从我嘴巴吃进去
的食物不是去往
我的肚子，而是广阔
无垠的宇宙！

啊

领悟了这个秘诀之后，你不仅
能无限制地吃东西，慢慢地你
还会达到出神入化的境界*——
什么都不吃也不会觉得饿……

*境界：事物所达到的程度或表现的情况。

这是因为你即将和
宇宙融为一体。
谢谢您，女神！

呃，有种一下觉得这怎么可能，
又感觉好像有点道理，最后又
觉得不可思议的微妙感觉……
惊呆
这就是宝儿啊。

在经过刻苦的修炼之后，
我终于领悟了女神的秘诀，
于是就下山了。

在这之后，
我的名气传遍了全世界……

哇啊

哇啊

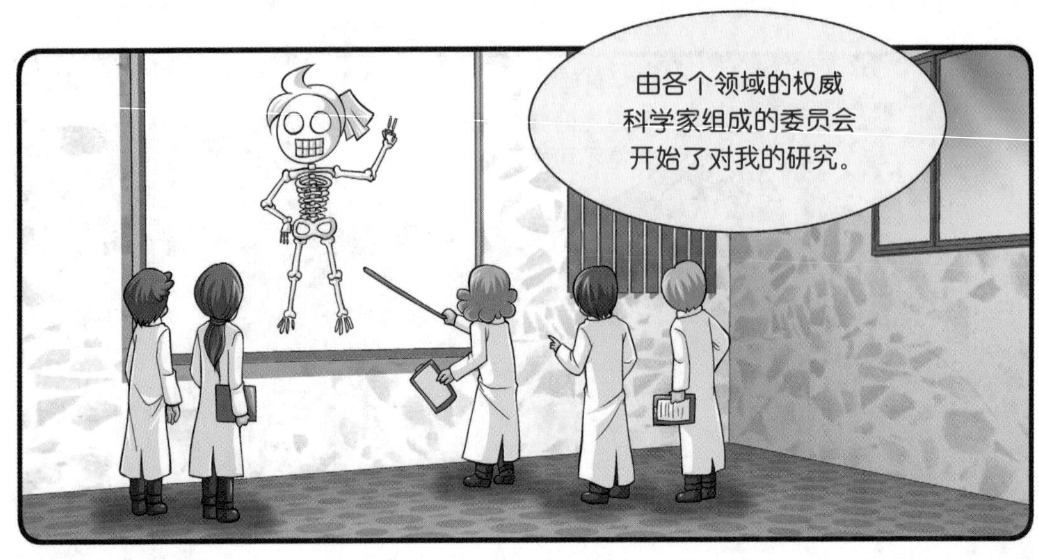
由各个领域的权威
科学家组成的委员会
开始了对我的研究。

结果出来了。
真的吗？这孩子到底得了
什么重病啊？

请不要惊慌，
听我把话说完。

宝儿同学的
肚子里面……

有一个“黑洞”*！

*黑洞：科学上预言的一种天体。它只允许外部物质和辐射进入，而不允许其中的物质和辐射脱离其边界。因此，人们只能通过引力作用来确定它的存在，所以叫作黑洞。

那、那是什么东西？
是一种很可怕的病吗？

不是，宝儿同学很健康。问题是我们只能接受这个事实。

129章-2
突袭
判断题

在比例 A:B=C:D 当中，A 和 D 被称为外项。

超惊讶

人的肚子里怎么可能会
有一个黑洞呢？
这也太神奇了！

哈哈

正确答案 ○（解析见第166页）

那么问题来了！
什么

你又想要什么诡计让
我栽跟头？

这次没门儿，我绝对
不会上当的！

谁说什么了？你
别上当就是了，
不过……

你还是可以听听问题是
什么嘛！

啧啧，那你可是会
后悔的哦……
不要，我不会听的！

这个问题完全超出
了大家的想象哦。

嗖

超出想象?
嗯!

那你就说说看吧!我
勉为其难听一听!
好呀!

你肚子里的黑洞能够
吞噬所有的东西,
对吧?
这还用说吗?

不然怎么叫它黑洞!

很好,那么……
嘻嘻

一辆小轿车 3 小时能跑 270 千米，它的平均速度为（　　）。

90 千米 / 时（解析见第 166 页）

我先去冷静一下，等下我们再开始，你们别着急。
我们现在是在干吗？

我肚子里的黑洞……

啊

嗖

咻咻咻

咻咻咻

嘣

行了，暂时清静了。
晕
这、这是怎么回事儿？

7 平方千米上生活着 2100 人，人口密度为（　　）。

她就像不死鸟*一样，
总会离开黑洞，
再次出现在我们面前的。

到那时我们该怎么办？
哎哟，
我也不知道啊。

*不死鸟：比喻任何困难都打不倒的人。

正确答案 300 人 / 平方千米（解析见第 166 页）

就这样回归简单日常
生活的利安家族

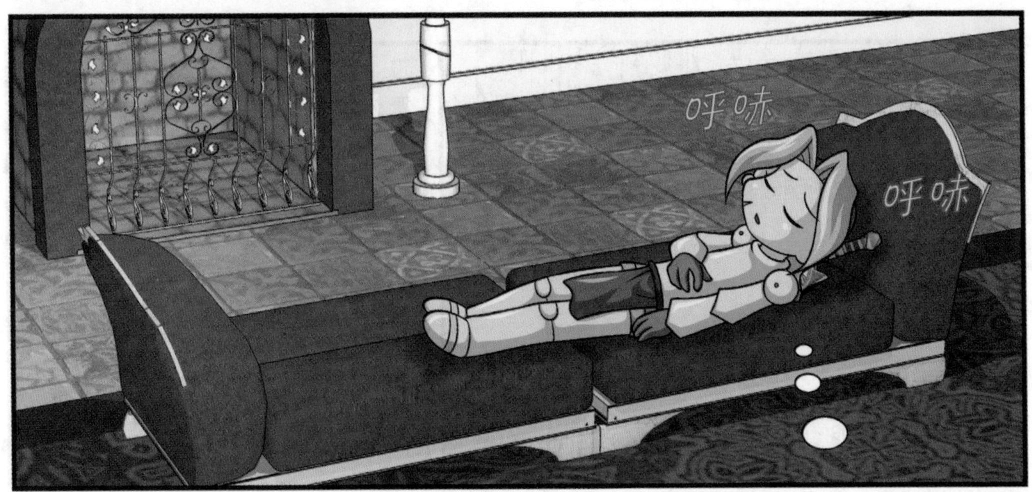
呼哧
呼哧

呼呼呼呼
呜
呜

哎呀！
弹起

喘
喘
哆哆大哥，
你怎么了？

我做了个梦。梦见我一个人离开这里去了某个地方……
什么？

哎，这怎么可能呢。大哥你怎么会离开这里呢？你觉得我们会让你离开吗？

利安家族不能没有哆哆大哥。

也对，我可是利安家族的大救星*。
开心

* 救星：比喻帮助人脱离苦难的集体或个人。

我觉得姐姐对
大哥的态度也好了
很多。
小声
小声
嘿，我也知道。
你姐姐说她喜欢
我来着。

我们要永远在一起！
好呀……
抱紧

有人吗？
笃笃笃

是谁呀？
嗒
嗒

嘎
吱

吓住

当当

请问您是哪位?

* 管家：旧时称呼为地主、官僚等管理家务的地位较高的仆人。

请问，帝国
赫赫有名的
欧铂丽基伯爵家族
来此处是为何事？

究竟是什么事儿
需要派大管家来呢？

欧铂丽基伯爵得知利安家族是清白的，特地派我前来向各位转达祝贺之意。

非常感谢。

另外，伯爵希望帝国最有名望的两大家族能够携手……

一同为国家的发展
而努力。

我们也正有此意。

为此，
欧铂丽基伯爵家族……

提议让家族的继承
人雷奥纳多少爷和
利安家族的默西迪丝小姐联姻！
哐
咚

3 A4、B4 打印纸的秘密

 规律性 / 数和运算  创造性思维能力

提示文 1

：阿兰，比较一下报纸、海报、传单、复印纸、各类图书、明信片、名片、便签纸、索引卡、发票、邮票等纸张，会发现我们生活中用到的这些纸张，大小、形状都不同，是吧？不管这个时代变得多么电子化，纸质书也不会消失。在我们日常生活中最常用到的纸是哪种样子的呢？

：我们使用的大部分都是长方形的纸。

：说得对。那么我们这次就来详细了解一下长方形怎么样？

：我觉得长方形的长和宽并不是固定的，而是成一定比例的。特别是最常用的 A4 纸，它的长宽比肯定藏着某种秘密，对吧？

：不错。A4 纸里面可是蕴含数学原理的。在造纸厂里被制成后未经过裁剪的纸称作全张纸，长方形的全张纸对折裁开后就是对开纸，折两折裁开就是四开纸……折 n 折后进行裁剪就称为 2^n 开纸。要是它们的形状全都差不多的话，裁剪全张纸的过程中就不会产生零星的边边角角，不会造成纸张的浪费了。我们现在就去了解一下这个原理，怎么样？

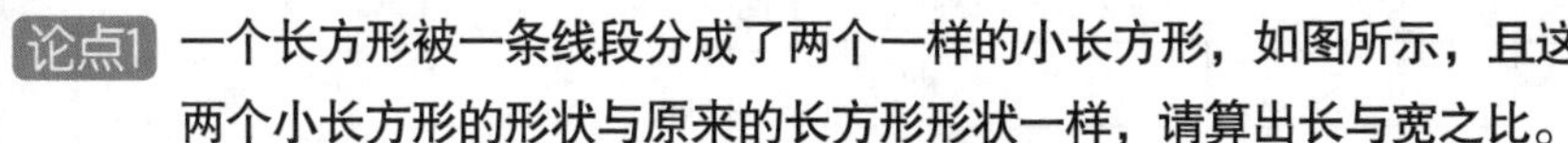

论点1　一个长方形被一条线段分成了两个一样的小长方形，如图所示，且这两个小长方形的形状与原来的长方形形状一样，请算出长与宽之比。

〈解答〉假设长为 2，宽为 x，因为大长方形和小长方形的形状一样，
所以长 : 宽 =2 : x=x : 1，继而得出 x^2=2。
此时 x 的值约为 1.414，即长 : 宽≈ 1.414 : 1 ≈ 2 : 1.414。

论点2　一个长 : 宽 =1.414 : 1 的长方形，若其面积为 1m^2=（1000mm）^{2}=1000000mm^2 的话，那么它的长和宽各是多少毫米呢？请用自然数来表示。

〈解答〉设宽为 a mm，则长就为 1.414 × a mm，面积为 1.414 × a × a mm^2。因此，
1.414 × a × a=1000000 ⇒ a^2 ≈ 707214 ⇒ a ≈ 841 mm，即宽约为 841 mm，
长为 841 × 1.414 ≈ 1189（mm）。（请参照下一页的［表 1］）

提示文 2

A4纸是由面积为$1m^2=10000cm^2=1000000mm^2$的全张纸裁剪而成。由$1m^2$的全张纸裁剪而成的纸张称为A系列纸张。

A系列中的2^n开纸就叫作An纸。An纸的规格是固定的，一般来说它的实际面积会比标准面积小一点点。

［表 1］A 系列纸张的规格

名称	规格 (mm)	实际面积 (mm^2)	标准面积 (mm^2)
A0	841 × 1189	999,949	1,000,000($1m^2$)
A1	594 × 841	499,554	500,000($\frac{1}{2}m^2$)
A2	420 × 594	249,480	250,000($\frac{1}{4}m^2$)
A3	297 × 420	124,740	125,000($\frac{1}{8}m^2$)
A4	210 × 297	62,370	62,500($\frac{1}{16}m^2$)
A5	148 × 210	31,080	31,250($\frac{1}{32}m^2$)
A6	105 × 148	15,540	15,625($\frac{1}{64}m^2$)
A7	74 × 105	7,770	7,812.5($\frac{1}{128}m^2$)
A8	52 × 74	3,848	3,906.25($\frac{1}{256}m^2$)
A9	37 × 52	1,924	1,953.125($\frac{1}{512}m^2$)

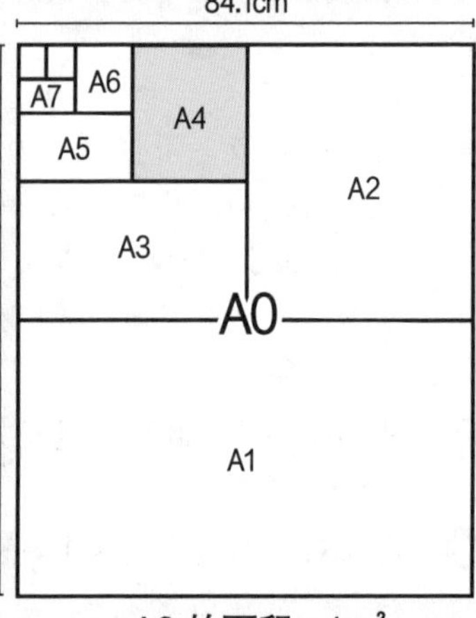

A0 的面积 =1 ㎡

A 系列的全张纸（A0 纸）面积为 $1m^2$，但是 B 系列的全张纸（B0 纸）面积为 $1.5m^2$。

［表 2］B 系列纸张的规格

名称	规格 (mm)	实际面积 (mm^2)	标准面积 (mm^2)
B0	1030 × 1456	1,499,680	1,500,000($\frac{3}{2}m^2$)
B1	728 × 1030	749,840	750,000($\frac{3}{4}m^2$)
B2	515 × 728	374,920	375,000($\frac{3}{8}m^2$)
B3	364 × 515	187,460	187,500($\frac{3}{16}m^2$)
B4	257 × 364	93,548	93,750($\frac{3}{32}m^2$)
B5	182 × 257	46,774	46,875($\frac{3}{64}m^2$)
B6	128 × 182	23,296	23,437.5($\frac{3}{128}m^2$)
B7	91 × 128	11,648	11,718.75($\frac{3}{256}m^2$)
B8	64 × 91	5,824	5,859.375($\frac{3}{512}m^2$)
B9	45 × 64	2,880	2,929.6875 ($\frac{3}{1024}m^2$)

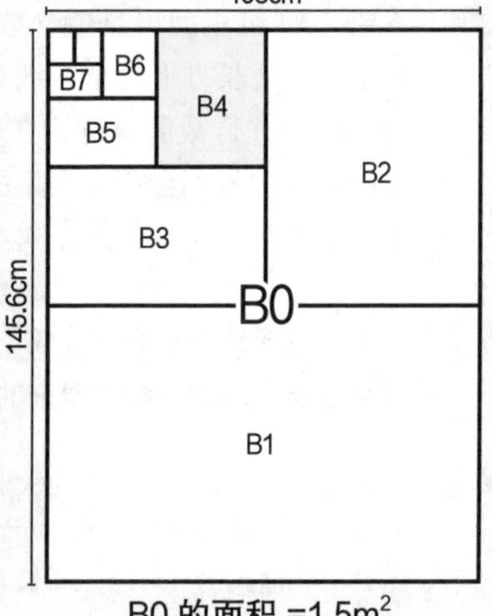

B0 的面积 =$1.5m^2$

论点3 我们知道 B0 纸的面积为 1.5 ㎡，请运用 论点2 当中的原理证明［表 2］中 B0 纸的规格是正确的。

〈解答〉设宽为 b mm，则长为 $1.414\times b$ mm。长和宽相乘之后可得出面积为 $1500000\ mm^2$，所以 $1.414\times b^2=1500000 \Rightarrow b^2\approx 1060820 \Rightarrow$宽为 $b\approx 1030$ mm，长为 $1030\times 1.414\approx 1456$ mm，可得 B0 纸的规格是正确的。

130 默西迪丝的结婚蛋糕

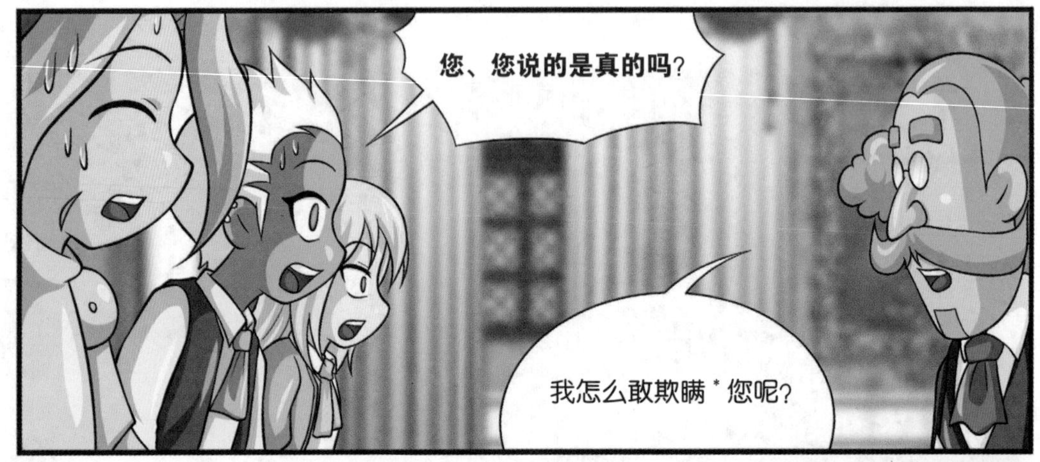

您、您说的是真的吗？
我怎么敢欺瞒*您呢？

*欺瞒：欺骗蒙混。

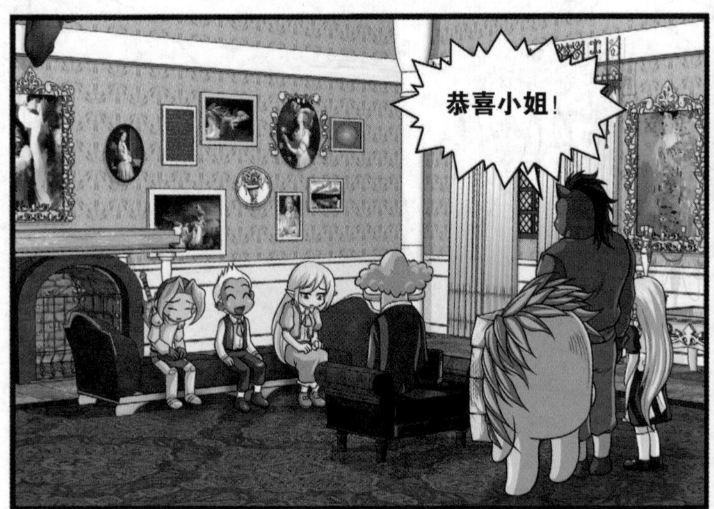

恭喜小姐！

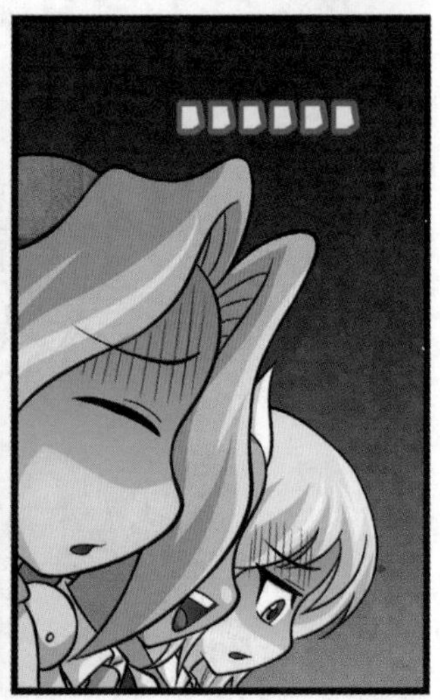

*应允：应许。

我就当作您应允*了……

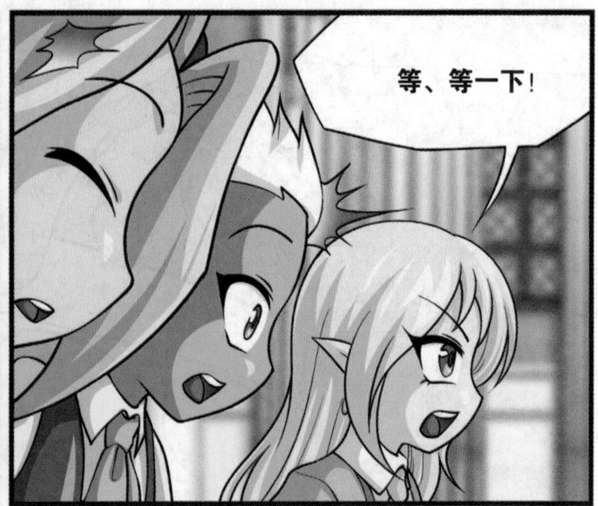

等、等一下！

这事儿太突然了，
我需要时间考虑
一下。

姐姐！
好的，我知道了。
这当然需要
好好考虑。

不过还是希望您能在一周之
内给我们答复。那我就先告
退了……
嗖

姐姐，你是
什么意思？

你要拒绝
他们的求婚！

嗯，对不起。

这件事对大家
来说都是一个
好机会，小姐。
如果能和欧铂丽
基伯爵家族联手的话，
就不用担心利安家族
的未来了。
听说雷奥纳
多少爷长得
非常帅气……

你拒绝的理由
是什么呢？

我想同我喜欢
的人结婚……

您喜欢
的人是谁？

晕
尴尬
暂、暂时
还没有。

要不您先跟雷奥纳多
少爷见个面，要是实
在不喜欢的话到时候
再拒绝怎么样？
不要！

反正我不会
跟他结婚，
才不要去见他！
生气

130章-1
突袭
判断题

复印纸一般使用的是A4大小的纸，而A4的大小等于A0对折4次。

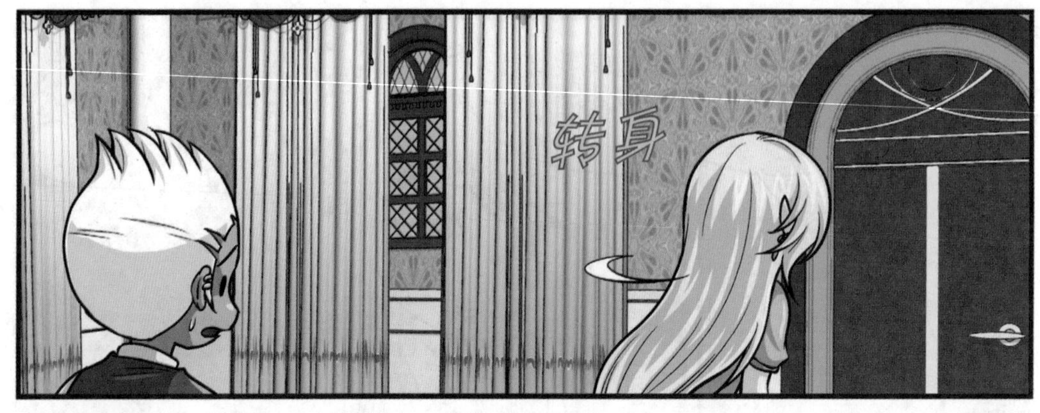
转身

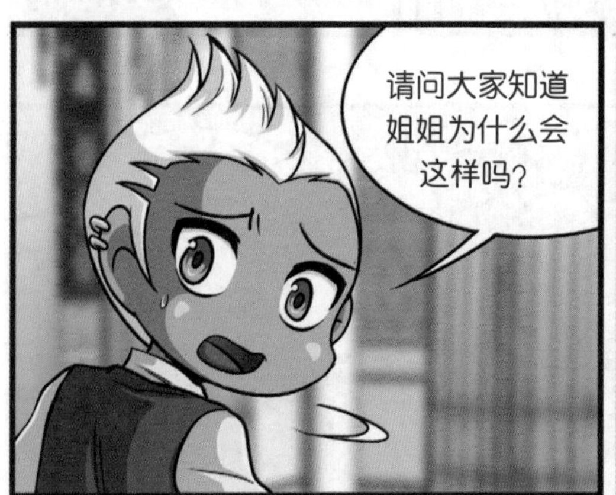
请问大家知道
姐姐为什么会
这样吗？

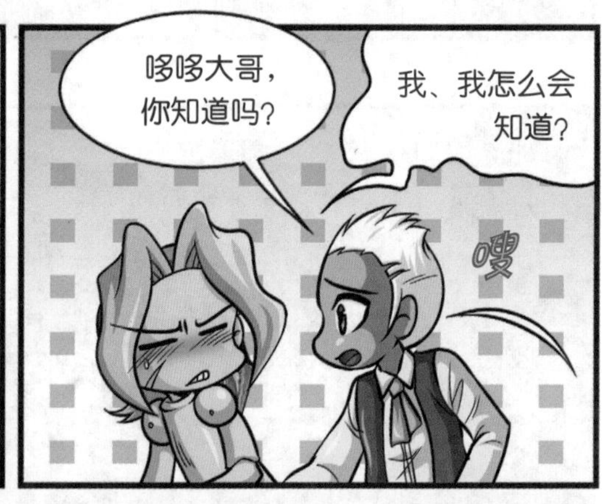
哆哆大哥，
你知道吗？
我、我怎么会
知道？
嗖

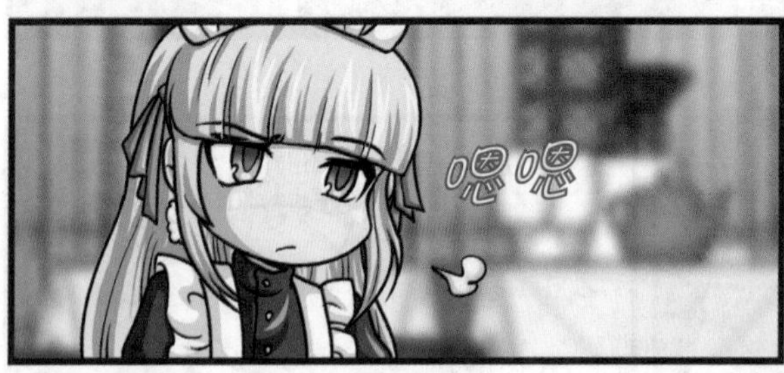
嗯嗯

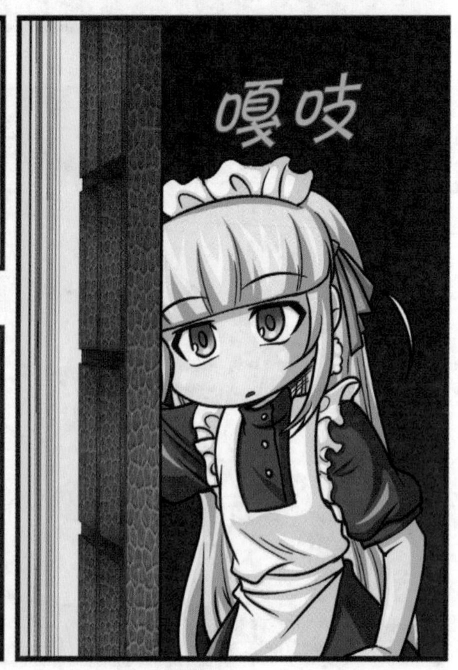
嘎吱

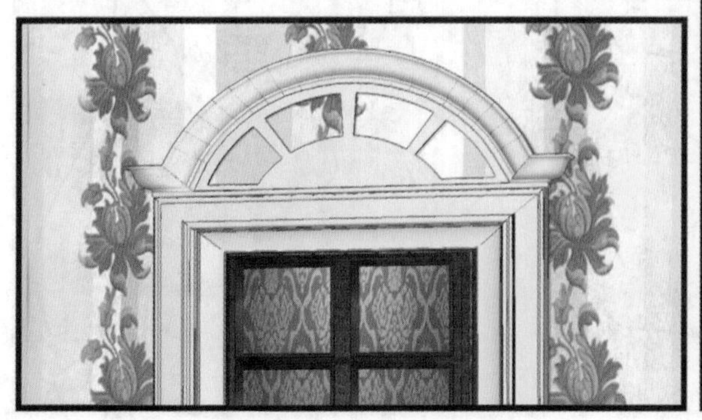

正确答案 ○（解析见第 166 页）

默西迪丝姐姐。

你就跟
我说说嘛。

你有喜欢的人了吧？
吓一跳

紧张
没、没有！
你乱说什么呢！

害羞

啊，好烦闷！
气气

姐姐为什么一味地说她不想呢？
就、就是……

虽然我们洗刷了罪名，
但是利安家族的地位
始终还不够稳固，
也不知道皇后会不会
再耍什么阴谋
诡计……

说得对，我也
是这样想的。
对吧？

这种时候，
要是能和欧铂丽基伯爵家
族联手，不仅姐姐可以过
上安稳的生活，而且对我
们整个家族来说
也是一件好事……

我一定要去
说服姐姐。
这件事对
我们大家都好！

哆哆大哥，
请你帮帮我！

130章-2
突袭
判断题

B 系列规格的纸张都是由 B0 纸对折裁剪而成，B0 纸的大小为 $1.5m^2$。

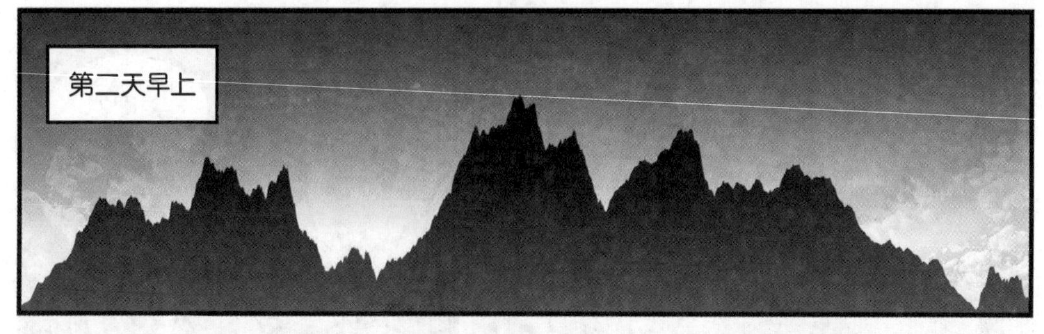
第二天早上

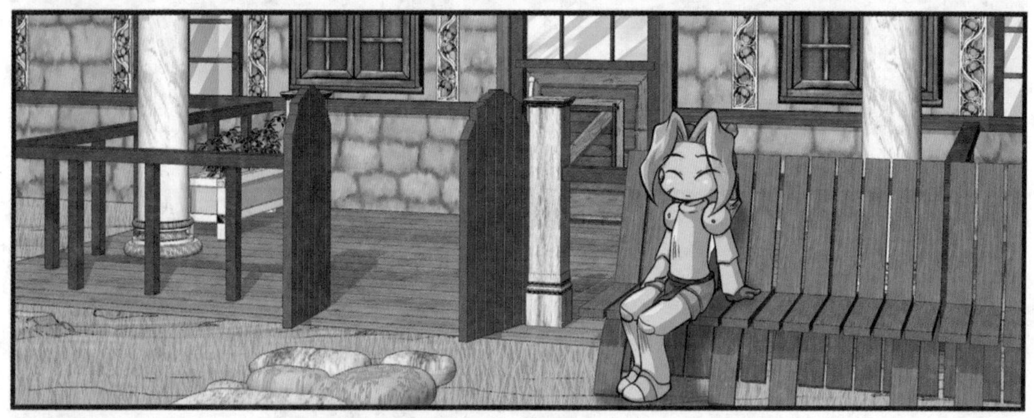

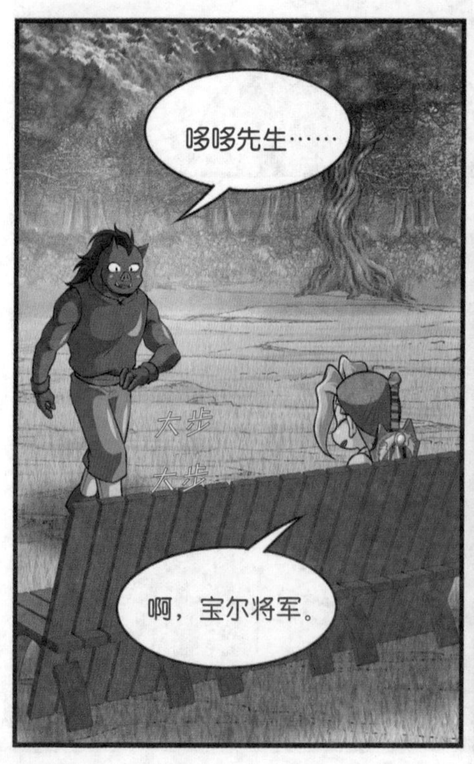
哆哆先生……
大步
大步
啊，宝尔将军。

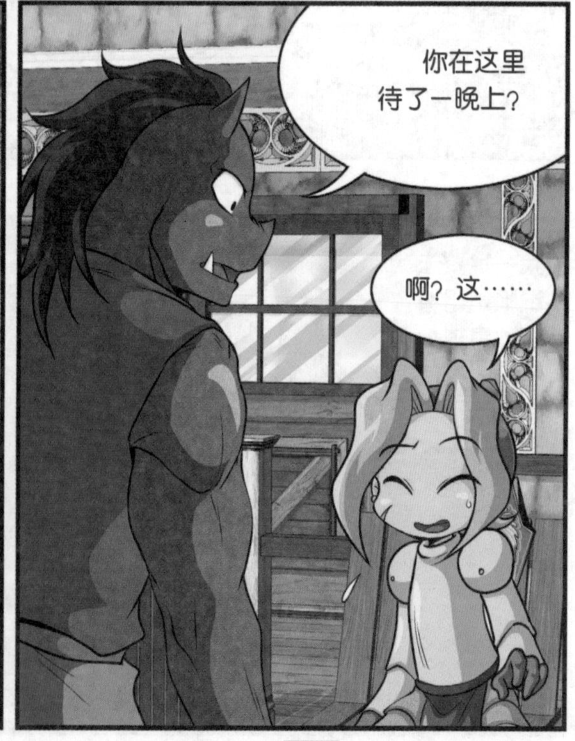
你在这里
待了一晚上？
啊？这……

正确答案 ○（解析见第166页）

昨天白天睡多了，
晚上就睡不着了。
哈哈

坐

我来给你出
一道数学智力题吧？
数学智力题？

我学到的这道题很
有意思哦。
哈哈哈，那好啊。

有一个非常珍贵
的物品，当然它
的价格也非常高昂。

不过，这种珍贵的物品
世界上还有一个。若是想要
同时买到这两个物品，仅以
两倍的价钱是远远不够的。
200 倍，甚至 2000 倍你都
买不到。

原来这种物品
一对比一个
更加珍贵啊。
正是如此。

可是这么珍贵的
物品世界上竟然
又出现了一个！

那就是这种物品
有三个了？
对。

如果这三个一模一样
的物品一起出售的话，
你觉得能卖多少钱呢？
这个嘛……

价格应该
也离天价
不远了吧？

不对！

没有人会去买。

这是为什么？
不解

全世界只有两个！
惊

这种物品……

说的没错。
所以，只卖两个的
时候，大家会争先恐后
排队购买……
那就是三个
中有一个是假的。

但当第三个出现的
瞬间，大家却都会
毫不犹豫掉头离去。

我听我的
女儿丽琳说了。

我想跟您说的是，
利安家族会绽放
光芒的星星只有两颗。

!
默西迪丝小姐
喜欢哆哆先生。

您不说我也懂了。
若是再有一颗星星
插进来……

剩下的两颗星
星就会全部失
去光芒。

真是对不起。哆哆
先生您为利安家族
付出了那么多……
低落

没有，我做那些事情并不
是为了谁，而是我
心甘情愿做的。

而且现在我也是
自己想离开
才离开的！
起身

呜
呜
对不起……

您听说过“功成身退”这句话吧？千万不要伤心，因为我是怀着愉悦的心情离开的。

扶

姐姐，求你别再固执了……

固执的是你吧！

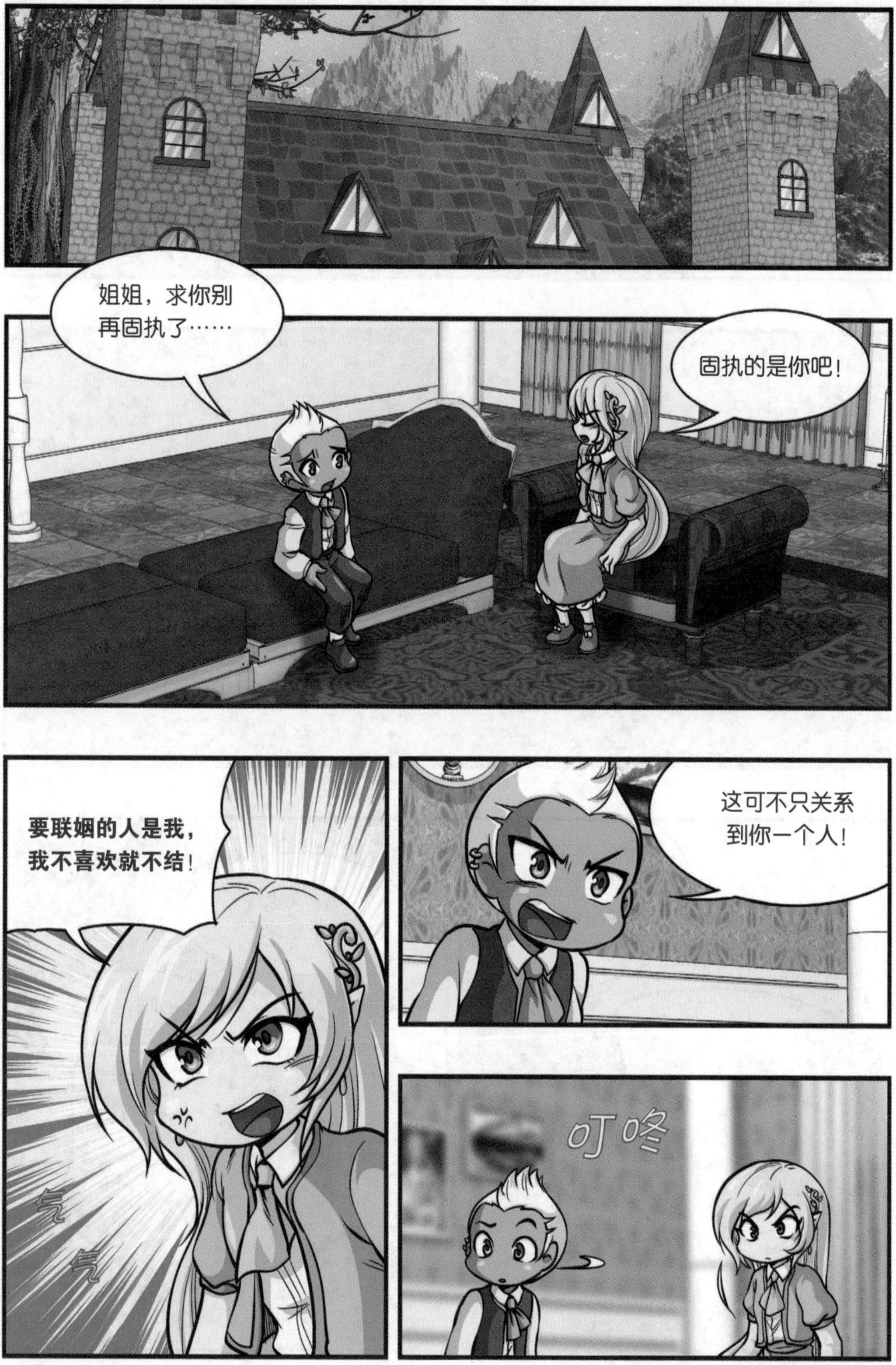

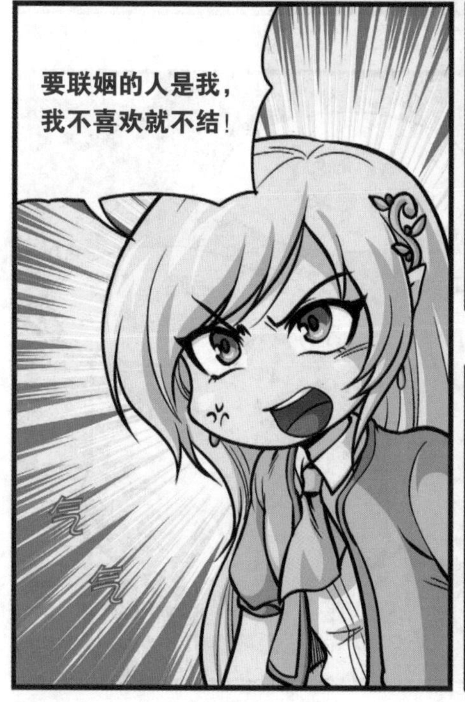

要联姻的人是我，我不喜欢就不结！
气
气

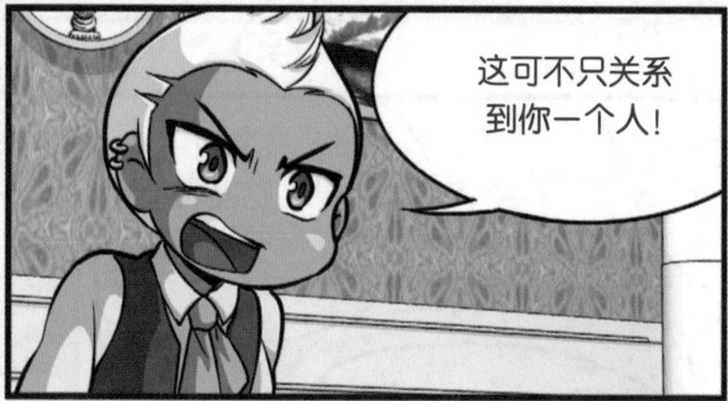

这可不只关系到你一个人！

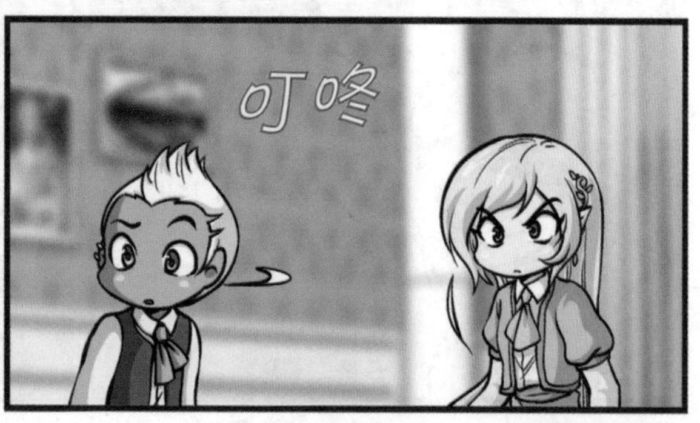

叮咚

开门

您好！
请问您是？

我是下面村子“哈哈面包”烘焙屋的老板。

哦，您好。请问您是来……
哈哈哈，您这不是明知故问……

默西迪丝小姐
不是马上要结婚了嘛。

这个您是
怎么知道的?
早就传开了。
估计现在全国人民
都知道了。

嘿嘿
姐姐你听到了吧?
他说全国
人民都知道了!
晕

我来是想恳请您让
我们烘焙屋来制作这
次婚礼用的结婚
蛋糕。
!

这是我带过来
的样品，请你们
品尝之后再决定。

这家店的
蛋糕真的非常
好吃啊……

姐姐你也
吃一口嘛。
哼

你们来得正好。
转

请尝尝这个吧。

你们怎么了？

呜
呜
呜
丽琳，你怎么了？

愣住

怎么没看到哆哆大哥，他人呢？

阿兰少爷，默西迪丝小姐……

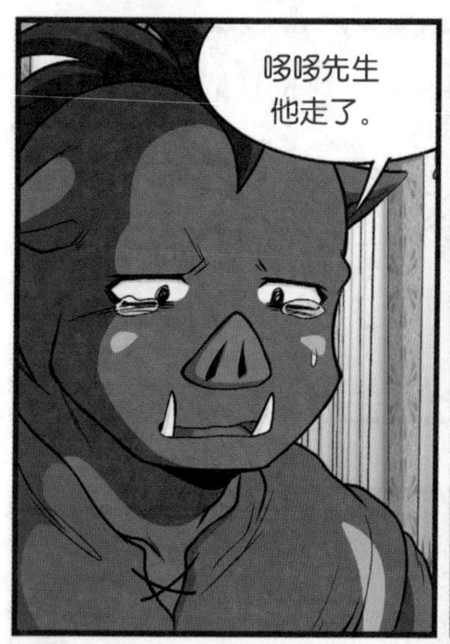
哆哆先生
他走了。

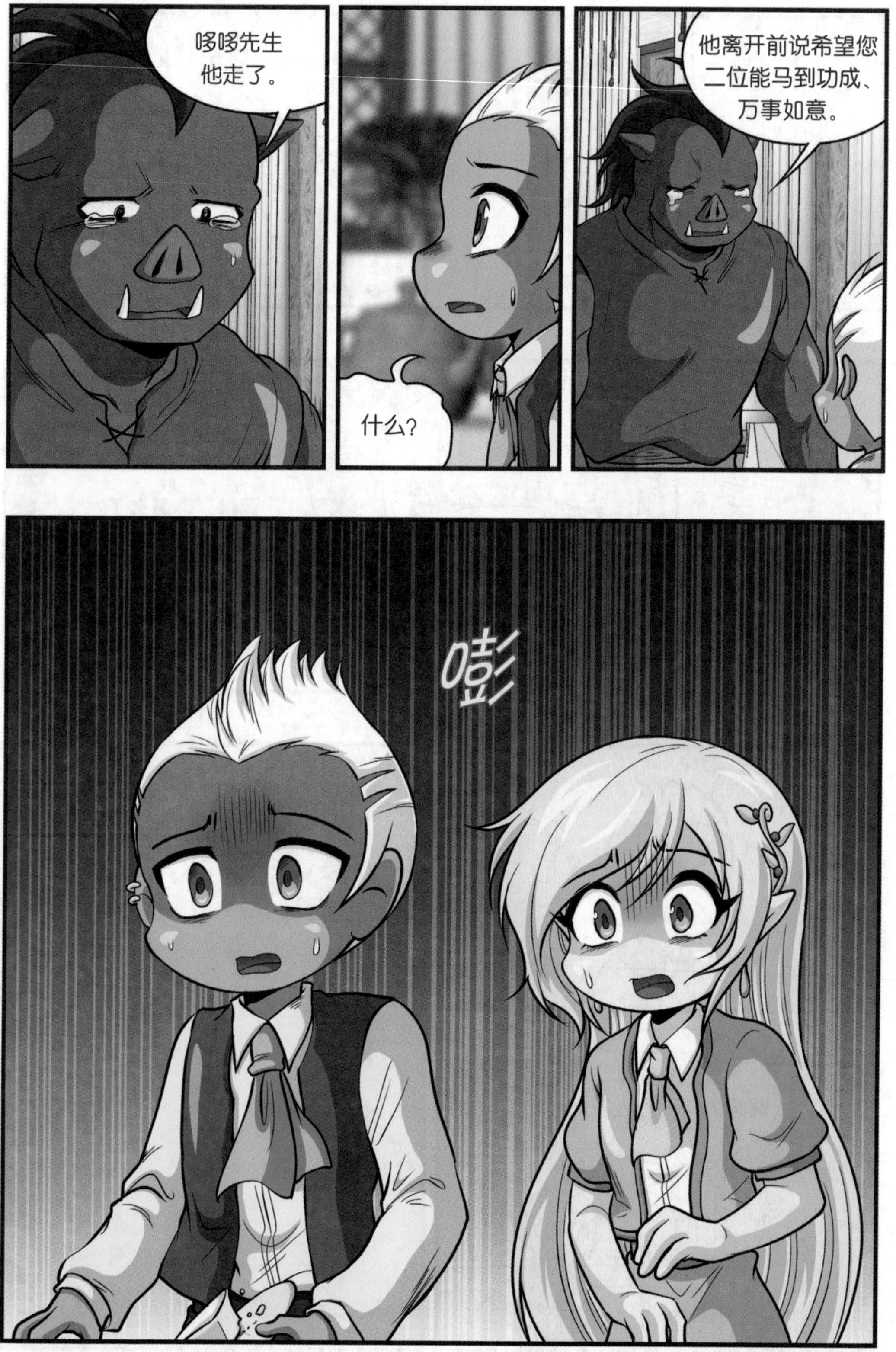

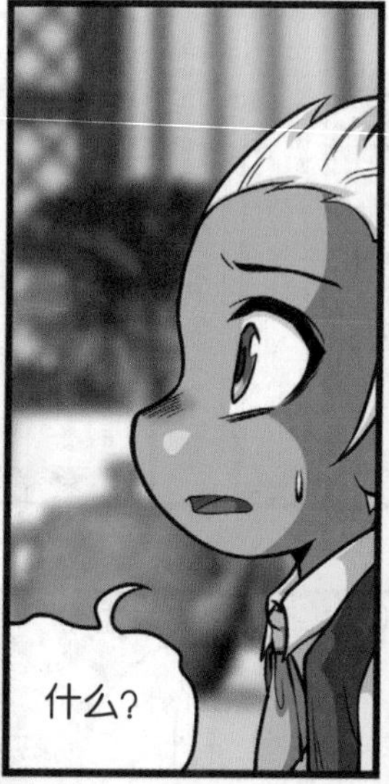
什么?

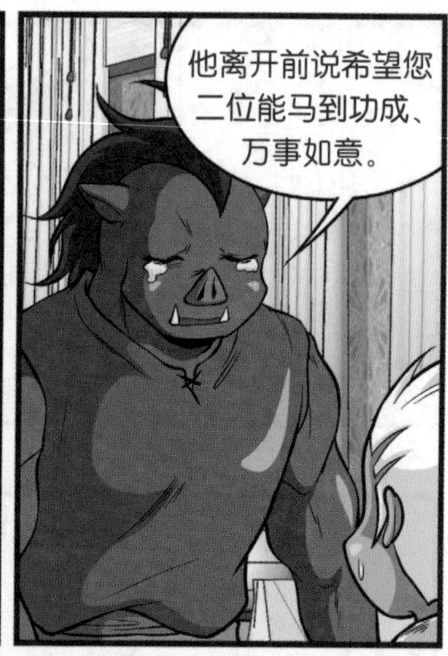
他离开前说希望您
二位能马到功成、
万事如意。

嘭

黄金比例

规律性 / 数和运算

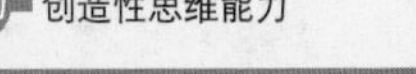

创造性思维能力

把一条线段分割为两部分，较短部分与较长部分长度之比等于较长部分与整体长度之比，其比值是一个无理数，精确到小数点后三位是 0.618，称为黄金比例，也称为中外比。我们现在就去了解一下黄金比例的发现历史吧。

古希腊的毕达哥拉斯学派把正五边形的对角线连接起来画出了一个五角星形，发现每条对角线的交点将线段分割成了大约 8 ∶ 5 的比例。（若 $BE=r$，正五边形边长为 1，则 $r:1\approx1.618:1\approx8:5$）。这就是黄金比例的发现之路。

［图 1］

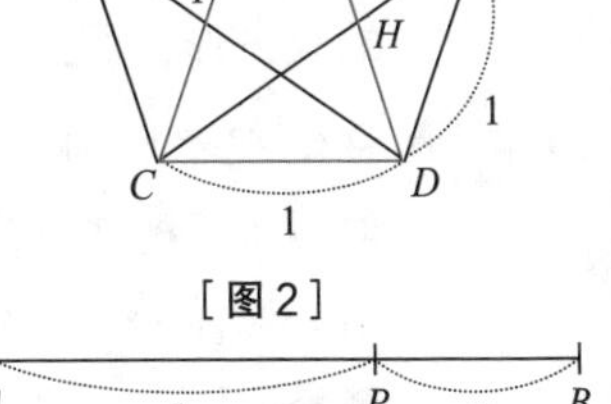

在毕达哥拉斯学派之后，欧几里得将黄金比例进行了理论细化。

［图 2］

A　1　P　r　B

把线段 AB 分为长线段 AP 和短线段 PB，$AP:AB=PB:AP$ 的比值正好相等。

用式子表示则为 $1:(r+1)=r:1$，从而列出方程 $r(r+1)=1$，即 $r^2+r-1=0$。

解方程后就得到 $r\approx0.618$。{准确来说 $r=\frac{1}{2}(\sqrt{5}-1)$}

论点1 **[图 1] 里的正五角星当中 $BE:BG=BG:GE=r:1$，且 ΔACD 为 $AC=AD$ 的等腰锐角三角形，ΔHAC 为 $HA=HC$ 的等腰钝角三角形，ΔHAC 与 ΔDEC 为全等三角形。求 $\angle CHD$ 的大小。**

〈解答〉因为正五边形的每个顶点都为 108°，所以 ΔDEC 中的 $\angle CDE=108°$，则 $\angle DCE=\angle DEC=(180°-108°)\div2=36°$。$\Delta CDH$ 为 $CH=CD=1$ 的等腰三角形，因此 $\angle CHD=\angle CDH=(180°-36°)\div2=72°$。

〈参考〉**类似 ΔACD、ΔAFG、ΔCDH 这种顶角为 36°、两个底角为 72° 的等腰锐角三角形被称为黄金三角形。**

应用问题1 **[图 1] 中的正五边形 $ABCDE$ 和正五角星的正中央有一个小的正五边形，求这两个正五边形的面积之比。假设 $r:1$ 约等于 8 ∶ 5。**

〈解答〉$AB:FG=1:\{1-(r-1)\}=1:(2-r)\approx1:(2-\frac{8}{5})=1:\frac{2}{5}=5:2$，所以两个正五边形的面积比约为 $5^2:2^2=25:4$。

论点2 一个长：宽 =1 ：r 的长方形（$0 < r < 1$）被切成了一个边长为 r 的正方形和一个小长方形，若这个小长方形和原来的长方形形状一致，求长方形的宽和长的比值 r 为多少。

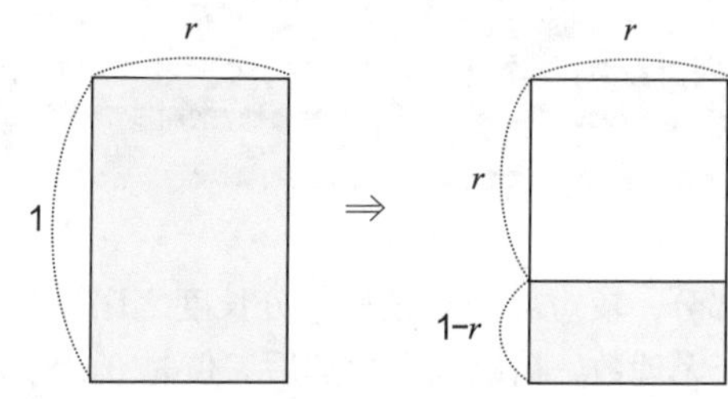

〈解答〉如上图所示，可以列出比例式 r ： 1=（$1-r$）：r。
因为外项乘积等于内项乘积，所以 $r^2=1-r \Rightarrow r^2+r-1=0$，则其宽长比为黄金比例，$r \approx 0.618$。

〈参考〉宽长比为黄金比例的长方形叫作黄金矩形。这种长方形被认为是形状最完美的长方形，而人在黄金矩形的房间里会感到安心舒适。

论点3 仔细观察数列 1、1、2、3、5、8、13、21、34、55……会发现某一项的数值等于它前两项之和。这种数列被称为斐波那契数列。这一数列的第 n 项 a_n 同后一项（$n+1$）项 a_{n+1} 的比为 $\frac{a_n}{a_{n+1}}$，n 越大，$n \geqslant 3$，$\frac{a_n}{a_{n+1}}$（$n \geqslant 3$）就越接近黄金比例。
请证明以上说法是否正确。

〈解答〉斐波那契数列有着这样的特性：$a_{n+2}=a_n+a_{n+1}$（$n \geqslant 3$），等式两边都除以 a_{n+1} 后可得到下列等式。

$$\frac{a_{n+2}}{a_{n+1}}=\frac{a_n+a_{n+1}}{a_{n+1}}=\frac{a_n}{a_{n+1}}+1=\frac{1}{\frac{a_{n+1}}{a_{n+2}}}$$

n 越接近无限大，$\frac{a_n}{a_{n+1}}$ 及 $\frac{a_{n+1}}{a_{n+2}}$ 就越接近某一比值 r。
也就是说，n 无限大的话，等式 $r+1=\frac{1}{r}$ 能够成立，则方程 $r^2+r=1$，即 $r^2+r-1=0$，因此 r 为黄金比例。

应用问题2 1820 年在爱琴海的米洛斯岛上发现了现存于法国卢浮宫博物馆的雕像米洛斯的维纳斯，这座雕像高 203cm，以肚脐为分割点，下半身与上半身呈黄金比例。不仅如此，膝盖下的长度和膝盖到肚脐之间的长度，脖子到肚脐的长度和脖子以上的长度都是呈黄金比例的。请算出脖子到肚脐的长度为多少。（黄金比例以 5:8 来算，单位用 cm 来表示）

〈解答〉上半身的长度 = $203 \times \frac{5}{13} \approx 78$(cm)，则可以解出（脖子到肚脐的长度）=$78 \times \frac{8}{13} = 48$(cm)。

来自黑洞的她

嗒嗒
嗒嗒

听说利安家族的默西迪丝小姐已经定好结婚日期了？
嗯，说是下周一。

是不是有点太着急了呀？
也只能如此了吧。不然怕皇后又来搅和呀。
说的也是……

这次联姻应该能
巩固利安家族的地位吧。
转
那还用说嘛！
不仅如此，阿兰少爷当
皇帝的概率也会变大。

祝贺你，阿兰。

你一定会成为一个
有作为的皇帝！

恭喜你，默西迪丝。
你肯定是这个世界
上最漂亮的新娘。

像1、1、2、3、5、8、13、21……这种从第三项开始，每一项数值都是它前两项之和的数列被称为斐波那契数列。

一个宁静的渡口

正确答案 ○（解析见第 166 页）

我想乘船出海，请问
需要多少钱呢？
这就要看你去哪儿了。

想去离这里
最远的地方。

你是被追捕
的逃犯吗？

不、不是的！
哈哈
惊慌

你看起来也不像
是这样的人。

那是为什么呢？
莫非是……

含泪与心爱的
女生离别后，
想踏上旅途前往别处吗？
吓一跳

哈哈哈，我开玩笑的。

我特别喜欢
看电视剧……
嗯？

电视剧里不是
总有这种情节
发生吗？

可那是电视剧啊。
忧郁

说的也是，
毕竟现实跟
电视剧是有
差别的。

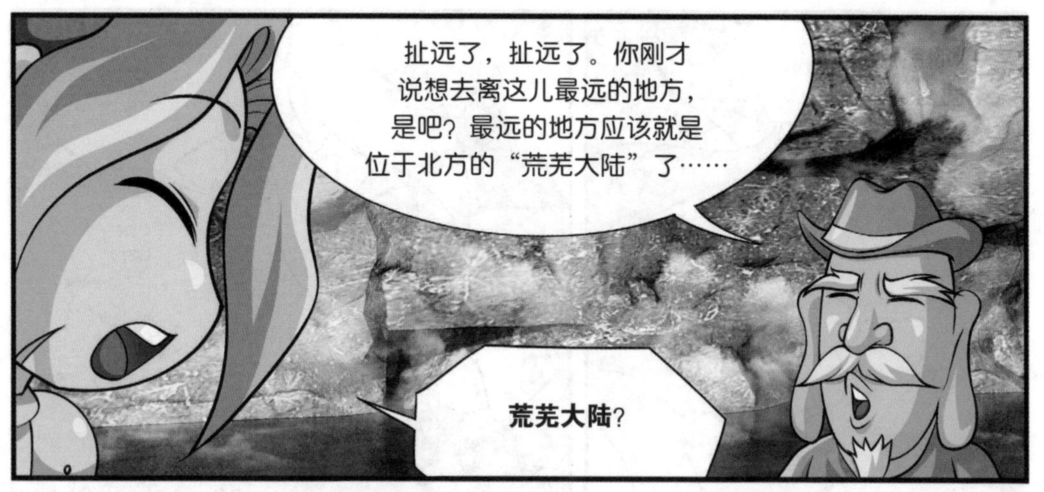
扯远了，扯远了。你刚才
说想去离这儿最远的地方，
是吧？最远的地方应该就是
位于北方的“荒芜大陆”了……
荒芜大陆？

不过那里可不是
人能生活的地方。

为什么？
你是不知道才问的吗？
当然是因为那里到处
都是妖怪呀。

呃嗯

我就去那里！
吓住

131章-2
突袭
判断题

黄金矩形的房间非常容易让人们感到安全舒适。

哥哥，
出大事了！

是出大事了，
真的！我十天
内胖了 20 斤。

正确答案 ○（解析见第 166 页）

我这段时间一直待在房里吃吃吃……
以后得少吃点……
现在你这点儿事并不重要！

那什么才重要？

嘭
默西迪丝·利安要和欧铂丽基伯爵家族的继承人结婚了！

这是真的吗？
连结婚日期都公布了，下周一！时间太紧了，让我根本没办法插手。

那、那以后会怎么样？

利安家族会成为帝国的第一家族啊，阿兰还会登上皇位……

我们兄妹就等着完蛋吧！
竟、竟然会发生这种事……

宝儿到底在干什么？利安姐弟不仅没被除掉，反而还越来越好了！

也怪我们太相信宝儿了。
我不是说了吗？

她就是个骗子！
她不是骗子，只是有点奇怪罢了。

就是骗子！一个又脏又懒的骗子。

把线段 AB 分割成两个部分，且 $AP:PB=0.618:1$，那么这个被称为（ ）。

用力！

嘭

*白洞：指能从黑洞逃离的假想空间。

你们好啊！
起身

从黑洞里！
一个白洞*
找得我快累死了。
痛

宝儿小姐，
您、您这是从
哪里出来的啊？

正确
答案

黄金分割（解析见第166页）

黑洞的话，是指引力极其强大
连光都无法逃脱的地方吗？
嗯，是有点儿
黑乎乎的让人
不舒服。

连光都无法逃脱的
地方宝儿你是怎么……

别问，不要问
我这么难的问题。
尴尬

话说回来，利安姐弟
是怎么回事儿？他们怎么
还越来越好了？
别担心！

要不了多久我就能把
他们都给解决了。

那你应该把他们
解决完了再来啊！
啊，我今天来是为了……

“宝儿斯塔莎人偶系列”
和“德里奇人偶系列”。
这些人偶我们不是
说好了会在事情圆满结
束之后作为报酬付给你嘛。

我打听了一下，
人偶的销售日期只到今天，
明天就不卖了。

所以呢？
什么所以？

你们要赶紧去买啊，
今天之内买到……
怒视

这可跟我们约定
的不一样。

利安姐弟都还好好的，
我们为什么要给你买呀？

现在不是非常时刻嘛。
你们赶紧去给我买回来！

不行！

我不能答应你。
当然不能
答应了。

你们要是这样的话，
这就不好办了……
你们难道不想除
掉利安姐弟吗？

我们会另请高明的。
惊
你的任务现在
已经结束了！

那我这段时间
不是白忙活了？
生气

这关我们什么事？对我们
来说，重要的是结果！
我看你也没忙活什么嘛。

你们会后悔的！
气
气

早就后悔了。
后悔雇用
你这么个骗子！

嘣

你们会
后悔的
的
的

几小时后
啊，现在总算好一点了……
喘
喘
喘

千年女巫宝儿呢?
放了屁之后就走了。

总感觉有点不安，她不是断言我们会后悔吗……

不用担心，就她能把我们怎么样呢?
那也多一事不如少一事啊。

131章-4
押宝
填空题

两个 72° 的底角和一个 36° 的顶角组成的等腰锐角三角形叫作（ ）。

正确答案 黄金三角形（解析见第 167 页）

您看起来心情不错。

嗯，想想也没什么，在监狱里面也挺幸福的！

那太好了。
这都是你的功劳。既然如此，不如你陪我玩十分钟吧？

您让我陪您玩？玩什么呢？

就跟上次一样，解趣味数学题！

啊，那道数学题是皇后娘娘出的。
这次你出题不就行了，而且这次我们来做个交易吧。

交易？
嗯，如果我答
不出这道题的话……

我就把我的全部
财产送给你！

咚！

您、您说得是真的吗？
当然，我现在都这样
了，还能骗你不成？

但是，如果我
答出来了的话，
你就要帮我做
一件事情。

什么事情？
也不是什
么难事。
把这封信……

放进邮筒就可以了！

原来是一封寄
给宝儿的信呀。

宝儿是谁呀？
一个老乡。我们很
久没见了，去封信
问候一下……

不好意思，这不行。
皇后娘娘命令我们什
么事情都不能帮您做。

是吗？那就没办法了。

这也太可惜了，
我的财产还挺多的……
!

您、您一共
有多少财产？
一套 83 平方米的公寓，
老家还有 10 平方米的地，
3 个存折，猪猪存钱罐里
也装满了硬币！

嗯嗯

嘻嘻

好！
上钩了！

那我就出题了！
我要出道非常难
的题才行。
好的！
这道题关乎我的
命运。神啊，请
帮帮我吧！

5 关于百分比

 规律性 / 数和运算  创造性思维能力

我们平时在看新闻或读报纸的时候，会常常看到“百分比、百分点”这样的词。只有准确理解了这类词的意思之后，我们才能看懂新闻的内容。

比较同一类别的两个量叫作“比”，我们已经在《2. 比、比率与比例式》当中学习过了。除了单纯的大小比较，还有“比较量”和“标准量”成倍数（或比率）关系的形式。

$$\text{比较量}:\text{标准量}=\frac{\text{比较量}}{\text{标准量}}=\text{小数}$$

$$\text{部分}:\text{整体}=\frac{\text{部分}}{\text{整体}}=\text{小数}$$

这里 $m:n$的比值和分数$\frac{m}{n}$相等，但是它们原本的意义却有一些差异。两个数 m 和 n 在相互比较的时候用 $m:n$，而在表示部分 m 在整体 n 中所占的比率时则使用分数 $\frac{m}{n}$。另外，部分或比较量的数值会在整体或标准量为单位 1 的情况下，以分数或小数的形式出现。其实小数形式在比较两个比值大小的时候会让人更加容易辨别。

学校 6 年级围棋班的学生有 25 人，其中女同学有 12 人。
女同学人数与围棋班全体学生数的比值，分别用比、分数、小数表示的话如下所示。

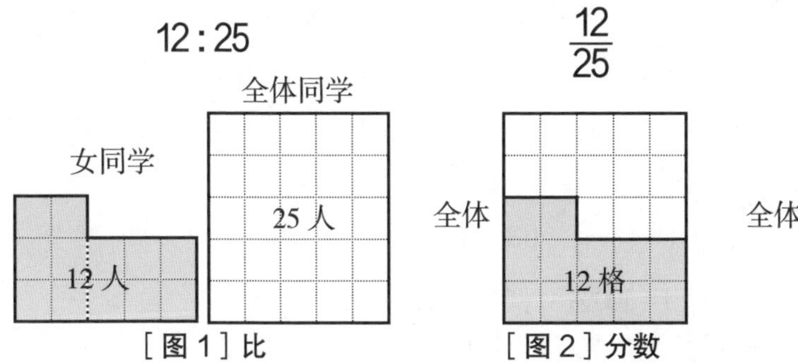

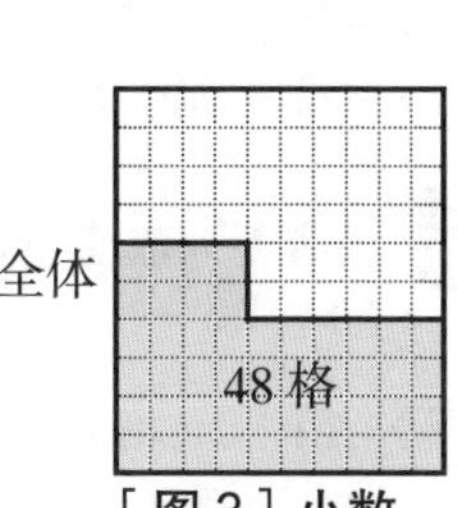

［图 1］比　［图 2］分数　［图 3］小数

另外，6 年级体育班有男同学 33 人，女同学 31 人。那么在围棋班和体育班当中，哪个班的女同学所占比率更高呢？
围棋班为 12 : 25，体育班为 31 : 64，虽然看起来所占比率差不多都接近了一半，但是如果用小数来表示的话，就会发现围棋班为 0.48，体育班则为 0.484375，这样我们就能一眼看出来体育班的女同学所占比率要稍微高一点。也就是说，用小数来表示时，两个比的大小会更加容易分辨。

论点1 请将下列两个分数换算成小数后，再比较它们的大小。

（1）$\frac{7}{8}$（　）$\frac{22}{25}$　　　　（2）$\frac{2}{3}$（　）$\frac{21}{31}$

〈解答〉（1）$\frac{7}{8}=0.875<\frac{22}{25}=0.88$　　　　（2）$\frac{2}{3}=0.66\cdots<\frac{21}{31}=0.67\cdots$

这里我们暂停一下，那“百分比”是什么意思呢？在 133 页以小数形式出现的［图 3］中我们可以发现，100 个小格子是一个整体，而填色的格子是其中一部分，所以 $12:25=\frac{12}{25}=0.48=\frac{48}{100}$。

论点2 请将下列数值换算成分母为 100 的分数（分子可以为小数）。

（1）13:25　（2）7:4　（3）$\frac{7}{20}$　（4）$\frac{3}{4}$

（5）$\frac{9}{8}$　（6）0.4　（7）0.87　（8）0.6789

〈解答〉（1）$13:25=\frac{13}{25}=\frac{52}{100}$　（2）$\frac{7}{4}=\frac{175}{100}$　（3）$\frac{7}{20}=\frac{35}{100}$

（4）$\frac{3}{4}=\frac{75}{100}$　（5）$\frac{9}{8}=1.125=\frac{112.5}{100}$

（6）$0.4=\frac{40}{100}$　（7）$0.87=\frac{87}{100}$　（8）$0.6789=\frac{67.89}{100}$

正如我们在论点2当中看到的，“比较量与标准量之比”及“部分在整体中的比率”是可以用分母为 100 的等值分数来表示的。这种情况下，在分子的数值之后或在小数乘以 100 所得的数值之后加上符号 %，那么这种数就被称为百分率或百分比。

应用问题1 南大门市场里一双原价为 A 元的皮鞋现在降价 10% 出售，售价为 810 元。那么原价是多少呢？

〈解答〉降价 10% 后的价格为原价的 $(1-\frac{1}{10})=\frac{9}{10}$，那么 $A\times\frac{9}{10}=810$，则得出 A=900，原价是 900 元。

应用问题2 请将下列数值换算为百分比。

（1）1.5　（2）1　（3）0.001

〈解答〉（1）1.5=150%　（2）1=100%　（3）0.001=0.1%

所有数值乘以 100 后再添加“%”可得出答案。

〈参考〉百分比与百分点的差异

200名学生当中，3月初参加志愿者活动的学生有40名，3月末为50名，比月初增加了10名。用百分比来表示的话，就是从月初的20%增加到了月末的25%。这种情况也可以说成，在20%的基础上增长了5个百分点。但是，“在20%的基础上增长了5%”这句话的意思就与题意完全不符了。这是因为20%的5%为1%，也就是从20%变成了21%的意思。

132 德里奇教授

这个问题是
我亲身经历过的。

监狱里
有三名罪犯。
101
102
103

他们三个都是小偷。

嗒嗒
嗒嗒

您好啊，
狱吏大人！

你们在这里有
没有什么不适应
的地方啊？
特别多，
数不胜数！

监狱本来就
不是个舒服
的地方。

顿住

那您还问什么？
转身

我的三明治
不见了！
空

怒火
怒火

吃
吃
嚼
嚼

不要动！

向后转！
转
101
102
103

停住

我的三明治
在哪儿？
啊？您在
说什么呀……
101
102
103

你们再怎么
装也没用！

生气
老实交代我就
放过你们。
是谁吃了
我的三明治？

如果我们如实
交代的话，您真的
会放过我们吗？
那是当然。

DDDDDD
101
102
103

是我吃了。

是 101 号犯
人吃了。

我没有吃。

审视
我当然不相信他们
说的。他们本来
就是一群
善于撒谎的人。

我先把结果告诉您，
那就是他们当中有一
个人在说谎。三明治
被两个人吃了。

好，那么问题来了。
我的三明治是
被哪两个人吃了呢？

百分数是分母为 100 的特殊分数，其分子可不为整数。

惊
答题！吃掉三明治的人是 101 号犯人和 103 号犯人。

怎、怎么可能这么快就答出来了……

请详细说明一下。
很有可能是胡乱猜中的。

你刚说只有一个人在说谎，对吧？
那么就是 101 号和 102 号没说谎。
这是因为如果 101 号在说谎，
那么 102 号说的也不是真的了。
这样一来，就有两个人在说谎了，
所以 101 号和 102 号不可能说谎，
那剩下的就只有一个人了！

真 101
真 102
假 103

正确答案 ○（解析见第 167 页）

解答

说谎

说谎

★假设 101 号在说谎，那么 101 号就没有吃三明治。

★说 101 号吃了的 102 号也在说谎。

★这与狱吏说只有一人在说谎不符。

103 号在说谎，所以是他吃了三明治。另外，101 号说的是真的，他也吃了三明治。现在问题就是 102 号了，虽然没有指明他是否吃了三明治，但是这并不难判断。

如果 102 号吃了三明治的话，那么这三个人就都吃了三明治。但是你刚才不是说只有两个人吃了三明治嘛。
因此 102 号没有吃，所以三明治是被 101 号和 103 号吃掉的！

呃嗯

您答对了。
万岁
呀吼！

那就请你愿
赌服输！
递

我知道了。

哦耶
很好，我总算有
机会出去了！
艾萨克为什么
这么高兴呢？

其实，宝儿是我的同乡。

她从出生起就充满了
传奇色彩：一群天使围着
她奏乐，龙和凤凰在
她身边起舞。

“50的300%”与“50的3倍”是一样的。

正确答案 ○（解析见第 167 页）

当别的小孩子刚开始
蹒跚学步的时候，
她就已经把射击游戏
打通关了……

艾萨克

哇啊

当其他小孩子还要
坐婴儿车的时候，
她的挖掘机驾驶技术
已经十分厉害了……

嗡嗡嗡嗡

刚满十岁，
宝儿的能力已经无人能及了。
嚯

她一个人击退了
前来袭击我们
村子的 500 个山贼……
跑跑跑跑
嗒嗒嗒

还独自出海赶跑了
5000 名海盗。

嗡嗡嗡

甚至连外星人也都被她打跑了……

嗒嗒嗒

放暑假的时候，说是太无聊了，就闯进魔界把那里的妖魔全给收服了。

哈哈

从 80% 增长到 84% 的话，增长了 ( ) 个百分点。

但在收服魔界之后，宝儿就变懒了。估计是因为这个世界上已经没有什么她没做过的事儿了吧。

不过她对村子里的老乡都非常亲切。
听说我们村子要暴发大地震了，这可怎么办才好啊？
别担心。我会把这整片大地封紧，让它不受地震的影响。

宝儿一定会来救我的，因为宝儿的字典里就没有“不可能”三个字。
嘻嘻
也有可能她没有字典……

正确答案 4（解析见第 167 页）

呵欠

嗯？

竟然……岂有此理！

我完全看不懂。
因为我压根儿
就不识字……

不过我还是觉
得岂有此理！

这封信的内容我都能理解！
艾萨克现在很危险，
一看就知道他是被恶毒
的皇后和俄尔塞伦公爵陷害的。

132章-4
押宝
填空题

如果两个小时能移动 180 千米，那么以此速度移动三个小时能移动（　　）千米。

宝儿，你能帮帮我吗？
那还用说吗？
皇后和俄尔塞伦
也是我的仇人！

你怎么会
认识他们？
疑惑

他们竟然耍赖不
给我买“宝儿斯
塔莎人偶系列”
和“德里奇人偶
系列”。

那是真的很气人。
虽然我不知道你
在说什么……

要我怎么帮你呢？
帮你越狱吗？
这没有用。
他们手握
重权，我就
算逃出去了也还
是会被抓住关起
来的。

那怎么办？

我仔细思考了一番……

正确
答案
270（解析见第167页）

你会变身术吧？
那是什么？

就是变成其他人的样子！
你不是会魔法嘛。

我不会魔法，
我从来没学过。
是吗？
为难

不过变成其他人的样子，
我还是很有自信的。

不能靠化妆，而是要
真的变成那个人的样子。
那是当然啦！

不会魔法你怎么变成其他人啊？
啊……这个……
其实……

有一天我吃完饭后
就躺到床上去了。

突然感觉我的
脸上有什么东西。

原来脸上粘了饭粒，
而我又不是
那种会浪费粮食的人。
哼

可我又不愿意把
我的手从被窝里
拿出来，太麻烦了。

舔舔

我很生气。

这时我就想到我可以
移动面部肌肉
把饭粒给弄下来。

动来
动去

最终我的目标达成了。
舔净

那个时候我才知道
原来我脸上的
肌肉是可以移动的。
这也可以……
果然不是一般人……

于是我就练习了
几天，之后
我就能变脸了。
什么……

你这也太不现实
了吧。这个脸要
怎么变啊？
哼

要不试试？

天哪

嗒嗒
嗒嗒

吃饭时间……

啊!

你是谁?

咚

震惊

吓晕

这脸变了也就算了，
胡子是怎么出来的……
面部肌肉动一动，
胡子也能长出来。

宝儿，你能变成
皇后的样子吗？

虽然我见过
几次皇后，但是
没怎么看清她的
长相……

我来告诉你。皇后的脸
我闭着眼睛也能画出来。
你让我变成皇后
干什么？

螺旋大学

NATIONAL SPIRAL UNIVERSITY

教授今天迟到了呢，
他不是一向很
准时的嘛……

如果是他的话，
迟到也没关系！
嗒嗒
嗒嗒

梳
梳

登场

* 停课：停止上课。

有一场事关生死的对决
正在等着我。这是我今天
早上预测到的。短时间内，
也有可能是永远，
我要见不到大家了。
咚

威胁德里奇的强敌的真实身份是？敬请期待《冒险岛数学奇遇记》第53册！

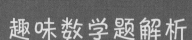

趣味数学题解析

127章-1

解析 x呈1倍、2倍……变大时，y也会随着增大1倍、2倍……这时，变数y与变数x成正比例关系，又叫作“y与x成正比”。

127章-2

解析 “y与$\frac{1}{x}$成正比例关系”，也就是“y与x的倒数成正比例关系”。这也可以叫作“y与x成反比”。

127章-3

解析 $800 \div 10000=0.08$，而$0.08=0.08 \times 100\%=8\%$

127章-4

解析 $40000 \times 5\%=2000$（元），$40000+2000=42000$（元）

128章-1

解析 “毫（milli-）”表示$\frac{1}{1000}$倍的意思。1mm=$\frac{1}{1000}$m，1mg=$\frac{1}{1000}$g，1ml=$\frac{1}{1000}$L

128章-2

解析 cc是立方厘米的意思，是体积单位。所以$1cm^3$和1cc是一样的意思。

128章-3

解析 1GB=1024MB

128章-4

解析 国际单位制是国际标准计量组织在公制基础上制定公布的。

129章-1

解析 将一个小数化为百分数的方法：小数乘 100 后，再在后面添加“%”。百分率是数的一种表现形式，所以 % 不是一种计量单位。

129章-2

解析 A：B=C：D 中，A 和 D 是外项，B 和 C 是内项。

129章-3

解析 270 千米 ÷3 时 =90 千米 / 时

129章-4

解析 2100 人 ÷7 平方千米 =300 人 / 平方千米

130 章-1

解析 A0 纸对折 4 次之后为 A4 纸。

130 章-2

解析 B0 纸的面积为 $1.5m^2$。

131 章-1

解析 斐波那契数列表达式为 $F(n)=F(n-1)+F(n-2)$，$n \geqslant 3$。

131 章-2

解析 黄金矩形的宽长之比为黄金分割率，换言之，矩形的短边与长边的比值为 0.618。黄金分割率和黄金矩形能够给画面带来美感，令人愉悦。

131 章-3

解析 按照黄金比值将一条线段分为两个部分，就叫作黄金分割。

131 章-4

解析 顶角为 36° 的等腰锐角三角形被称为黄金三角形。

132 章-1

解析 百分数表示一个数是另一个数的百分之几。

132 章-2

解析（50 的 300%）$=50\times300\times\frac{1}{100}=50\times3=150$

132 章-3

解析 在 80% 的基础上上涨了 4 个百分点的话，就是 84%。

132 章-4

解析 先列一个比例式 $180:2=x:3$。因为内项之积与外项之积相等，所以 $2\times x=180\times3\Rightarrow 2\times x=540\Rightarrow x=270$